# 计算机应用技术教学研究

黄　城◎著

线装书局

图书在版编目（CIP）数据

计算机应用技术教学研究 / 黄城著. -- 北京 : 线装书局, 2024.2

ISBN 978-7-5120-5990-0

I. ①计… II. ①黄… III. ①电子计算机—教学研究 IV. ①TP3

中国国家版本馆CIP数据核字(2024)第054463号

计算机应用技术教学研究

JISUANJI YINGYONG JISHU JIAOXUE YANJIU

作　　者：黄　城

责任编辑：白　晨

出版发行：线装書局

地　址：北京市丰台区方庄日月天地大厦 B 座 17 层（100078）

电　话：010-58077126（发行部）010-58076938（总编室）

网　址：www.zgxzsj.com

经　　销：新华书店

印　　制：三河市腾飞印务有限公司

开　　本：787mm×1092mm　1/16

印　　张：12.5

字　　数：275 千字

印　　次：2025 年 1 月第 1 版第 1 次印刷

线装书局官方微信

定　　价：68.00 元

# 前　言

随着我国社会经济的快速发展，以及信息时代和网络时代的来临，计算机应用技术在我国社会得到了普及，并且收到了社会十分的关注，计算机应用技术逐渐应用到教育方面。我国信息、网络技术得到了空前的发展，并且凭借计算机技术和网络技术的诸多有点得到了人们的认可，被广泛的应用到社会的各个领域内。通过计算机应用技术来进行教学，能够有效的解决枯燥、乏味的教学内容，调动学生们的积极性和学习兴趣。

随着计算机信息技术的快速发展，计算机基础知识的掌握已逐渐成为当前学生必备的一项技能。作为一门基础性课程，对其培养出技能高、素质高的人才，通常有着全局性、先导性、基础性的作用。在此大背景形势下，对应的技术人员应了解计算机技术的实际应用情况，了解其发展状况，对应的技术人员应了解计算机技术的实际应用情况，了解其发展状况，掌握智能化、信息化、数字化等发展趋势，从而能够结合各个行业的需求，对计算机用技术开展有针对性的改革和创新，积极开发新功能，满足人们新时期工作学习需要，为社会综合发展及计算机应用技术进一步普及，打下良好基础。

计算机技术也是一种多媒体信息的技术，它要和声音、几何图形、文字和视频动画等进行有效结合，在很早的时候就在课堂教学中有所应用，那个时候最多的运动就是幻灯片、投影仪和录音机等简易的媒介和课堂教学进行相互融合，这也就是电化教学了。就目前而言，在教学领域方面多用现代教育技术进行不断的推广，计算机技术对教育和教学过程已经影响深刻了，对于这种现象可以通过一句话来简单说明：未来的教学方法和手段、教学内容和教学模式等方面，计算机技术都会对其进行改变，最后会使得整个的教育思想和教学理论甚至包括教育体制都将被计算机技术所影响而进行变革。

本书共分为八章。第一章解析计算机及其应用技术的相关概念。第二章从专业人才、教学思想与教育理念、教学改革与研究方向、教学改改研究策略与措施几个方面分析了计算机专业教学现状。第三章介绍了计算机应用技术课程改革与建设。第四章从 MOOC 方面入手，研究了计算机应用技术 MOOC 教学。第五章介绍了高校计算机从 MOOC 到 SPOC 教学模式创新研究以及 SPOC 混合式教学模式研究。第六章计算机应用技术教学设计改革与实践研究。第七章基于 FH 的模块化，介绍了教学模式改革与创新改革与创新。第八章对计算机应用技术教学的改革与实践进行了深刻的探究。

随着信息技术和网络技术的快速发展，信息技术在我们生活中起到了十分重要的作用，并且逐渐改变人们日常生活和生活方式。我国教育改革逐步的加深，现代化教学辅助工具逐渐的普及我国教育事业，教师通过合理、科学的应用辅助工具，才能够提高教学质量和效果，培养综合素质比较高的创新型人才，不仅有利于我国社会的稳定发展，还有利于我国和谐社会的构建。

## 编委会

# 内容简介

计算机应用技术是网络时代背景下所产生的一种与时俱进，适合当前社会发展的一门新兴学科。这一学科与时代发展紧密相连，所以国家对计算机应用技术教学非常重视。我们从计算机应用技术的相关概念解析入手，传统计算机应用技术教学中的不足进行了全面且深入的分析，最后对计算机应用技术教学的改革与实践进行了深刻的探究。希望对促进计算机应用技术教学的改革与发展起到一定的积极作用。

# 目　录

# 第一章　计算机及其应用概述

计算机是一种能够按照程序运行，自动、高速处理海量数据的现代化智能电子设备，是20世纪最伟大的科学技术发明之一。其发明者是著名数学家约翰·冯·诺依曼（John Von Neumann）。计算机对人类的生产活动和社会活动产生了极其重要的影响，并以强大的生命力飞速发展。它的应用领域从最初的军事科研应用扩展到社会的各个领域，已形成了规模巨大的计算机产业，带动了全球范围的技术进步，由此引发了深刻的社会变革。计算机已遍及学校、企事业单位，进入寻常百姓家中，成为信息社会必不可少的工具。它是人类进入信息时代的重要标志之一。

## 第一节　计算机的先驱

在原始社会时期，人类使用结绳、垒石或枝条等工具进行辅助计算和计数。

在春秋时期，我们的祖先发明了算筹计数的“筹算法”。

公元6世纪，中国开始使用算盘作为计算工具，算盘是我国人民独特的创造，是第一种彻底采用十进制计算的工具。

人类一直在追求计算的速度与精度的提高。1620年，欧洲的学者发明了对数计算尺；1642年，布莱斯·帕斯卡（Blaise Pascal）发明了机械计算机；1854年，英国数学家布尔（George Boole）提出符号逻辑思想。

### 一、查尔斯·巴贝奇——通用计算机之父

19世纪，英国数学家查尔斯·巴贝奇（Charles Babbage，1792—1871）提出通用数字计算机的基本设计思想，于1822年设计了一台差分机。其后巴贝奇又提出了分析机的概念，将机器分为堆栈、运算器、控制器三个部分，并于1832年设

计了一种基于计算自动化的程序控制分析机，提出了几乎完整的计算机设计方案，如图1-1所示。

图1-1　巴贝奇和机械式计算机

用现在的说法，把它叫作计算器更合适。但相对于那时的科学来说，巴贝奇的机械式计算机已经是一个相当的进步了，从“0”到“1”的艰辛及伟大的实践更是难能可贵。

## 二、约翰·阿塔那索夫——电子计算机之父

约翰·阿塔那索夫（John Vincent Atanasoff，1903—1995），美国人，保加利亚移民的后裔。将机械式计算机改成了电子晶体式的ABC计算机（Atanasoff Berry Computer），如图1-2所示。

图 1-2　阿塔那索夫和ABC计算机

## 三、艾伦·麦席森·图灵——计算机科学之父

艾伦·麦席森·图灵（Alan Mathison Turing，1912—1954），英国数学家、逻辑学家。第二次世界大战期间，图灵曾帮助英国破解了德军的密码系统，并提出了“图灵机”的设计理念，为现在的计算机逻辑工作方式打下了良好的基础。但是，图灵的计算机只是一个抽象的概念，在当时并没有实现。如今，计算机中的人工智能已经研发出并开始应用，它所用到的就是图灵的设计理念。因此，计算机界将图灵也称为“人工智能之父”。与此同时，计算机界最高奖项“图灵奖”也是以图灵的名字来命名的，目的是纪念图灵为计算机界所做出的突出贡献，如图1-3所示。

图 1-3　图灵和图灵奖

## 四、约翰·冯·诺依曼——现代计算机之父

在此之前，计算机还只是能做计算和编程而已，要发展成现在用的计算机，还得依靠约翰·冯·诺依曼（John von Neumann，1903—1957）的计算机理论，如图1-4所示。

1943年，冯·诺依曼提出了“存储程序通用电子计算机方案”，也就是现在的处理器、主板、内存、硬盘的计算机组合方式，这时计算机技术才正式步入时代的大舞台。根据冯·诺依曼所作出的突出贡献，大家便赋予了他“现代计算机之父”的称号。

## 第二节 计算机的发展

### 一、第一代计算机

第二次世界大战期间，美国和德国都需要精密的计算工具来计算弹道和破解电报，美军当时要求实验室为陆军炮弹部队提供火力表，千万不要小看区区的火力表，每张火力表都要计算几百条弹道，每条弹道的数学模型都是非常复杂的非线性方程组，只能求出近似值，但即使是求近似值也不是容易的事情。以当时的计算工具，即使雇用200多名计算员加班加点也需要2~3个月才能完成一张火力表。在战争期间，时间就是胜利，没有人能等这么久，按这种速度可能等计算结果出来，战争都已经打完了。

第二次世界大战使美国军方产生了快速计算导弹弹道的需求，军方请求宾夕法尼亚大学的约翰·莫克利博士研制具有这种用途的机器。莫克利与研究生普雷斯泊·埃克特一起用真空管建造了电子数字积分计算机（Electronic Numerical Integrator and Computer，ENIAC），如图1-5所示，这是人类第一台全自动电子计算机，它开辟了信息时代的新纪元，是人类第三次产业革命开始的标志。这台计算机从1946年2月开始投入使用，直到1955年10月最后切断电源，服役9年多。它包含了18000多只电子管，70000多个电阻，10000多个电容，6000多个开关，质量达30t，占地170m$^2$，耗电150kW，运算速度为5000/s次加减法。

图1-5 ENIAC

ENIAC是第一台真正意义上的电子数字计算机。硬件方面的逻辑元件采用真空电子管，主存储器采用汞延迟线、阴极射线示波管静电存储器、磁鼓和磁芯，外存储器采用磁带，软件方面采用机器语言、汇编语言，应用领域以军事和科学计算为主。其特点是体积大、功耗高、可靠性差、速度慢（一般为每秒数千次至数万次）、价格昂贵，但为以后的计算机发展奠定了基础。

ENIAC（美国）与同时代的Colossus（英国）、Z3（德国）被看成现代计算机时代的开端。

## 二、第二代计算机

第一代电子管计算机存在很多毛病，例如：体积庞大，使用寿命短。就如上节所述的ENIAC包含了18000个真空管，但凡有一个真空管烧坏了，机器就不能运行，必须人为地将烧坏的真空管找出来，制造、维护和使用都非常困难。

1947年，晶体管（也称“半导体”）由贝尔实验室的肖克利（William Bradford Shockley）、巴丁（John Bardeen）和布拉顿（Walter Brattain）所发明，晶体管在大多数场合都可以完成真空管的功能，而且体积小、质量小、速度快，它很快就替代了真空管成了电子设备的核心组件。首先使用晶体管技术的是早期的超级计算机，主要用于原子科学的大量数据处理，这些机器价格昂贵，生产数量极少。1954年，贝尔实验室研制出世界上第一台全晶体管计算机TRADIC，装有800只晶体管，功率仅100W，它成为第二代计算机的典型机器。其间的其他代表机型有IBM 7090和PDP-1（后来贝尔实验室的Ken Thompson在一台闲置的PDP-7主机上创造了UNIX操作系统）。

计算机中存储的程序使得计算机有很好的适应性，主要用于科学和工程计算，也可以更有效地用于商业用途。在这一时期出现了更高级的COBOL语言和FORTRAN语言等，以单词、语句和数学公式代替了含混晦涩的二进制机器码，使计算机编程更容易。新的职业（程序员、分析员和计算机系统专家）和整个软件产业由此诞生。

## 三、第三代计算机

1958—1959年，德州仪器与仙童公司研制出集成电路（Integrated Circuit，IC）。所谓IC，就是采用一定的工艺技术把一个电路中所需的晶体管、二极管、电阻、电容和电感等元件及布线互连在一起，制作在一小块或几小块半导体晶片或介质基片上，然后封装在一个管壳内，这是一个巨大的进步。其基本特征是逻辑元件采用小规模集成电路SSI（Small Scale Integration）（图1-6）和中规模集成电路MSI（Middle Scale Integration）。集成电路的规模生产能力、可靠性、电路设计的模块化方法，确保了快速采用标准化集成电路代替了设计使用的离散晶体管。第三代电子计算机的运算速度每秒可达几十万次到几百万次，存储器进一步发展，体积越来越小，价格越来越低，软件也越来越完善。

集成电路的发明，促使IBM决定召集6万多名员工，创建5座新工厂。1964年IBM生产出了由混合集成电路制成的IBM350系统，这成为第三代计算机的重要里程碑。其典型机器是IBM360，如图1-7所示。

图1-6　小规模集成电路

图1-7　IBM360

由于当年计算机昂贵，IBM360售价为200~250万美元（约合现在的2000万美元），只有政府、银行、航空和少数学校才能负担得起。为了让更多人用上计算机，麻省理工学院、贝尔实验室和通用电气公司共同研发出分时多任务操作系统Multics［UNIX的前身，绝大多数现代操作系统都深受Multics的影响，无论是直接的（Linux，OSX）还是间接的（Microsoft Windows）］。

Multics的概念是希望计算机的资源可以为多终端用户提供计算服务（这个思路和云计算基本是一致的），后因Multics难度太大，项目进展缓慢，贝尔实验室和通用电气公司相继退出此项目，曾参与Multics开发的贝尔实验室的程序员肯·汤普森（Ken Thompson）因为需要新的操作系统来运行他的《星际旅行》游戏，在申请机器经费无果的情况下，他找到一台废弃的PDP-7小型机器，开发了简化版的Multics，就是第一版的UNIX操作系统。丹尼斯·里奇（Dennis Mac Alistair Ritchie）在UNIX的程序语言基础上发明了C语言，然后汤普森和里奇用C语言重写了UNIX，奠定了UNIX坚实的基础。

## 四、第四代计算机

1970年以后，出现了米用大规模集成电路（Large Scale Intergrated Circuit，LSI）（图1-8）和超大规模集成电路（Very Large Scale Intergrated Circuit，VLSI）为主要电子器件制成的计算机，重要分支是以大规模、超大规模集成电路为基础发展起来的微处理器和微型计算机。

图1-8 大规模集成电路

1971年1月，Intel的特德·霍夫（Teal Hoff）成功研制了第一枚能够实际工作的微处理器4004，该处理器在面积约12mm²的芯片上集成了2250个晶体管，运算能力足以超过ENICA。Intel于同年11月15日正式对外公布了这款处理器。主要存储器使用的是半导体存储器，可以进行每秒几百万到千亿次的运算，其特点是计算机体系架构有了较大的发展，并行处理、多机系统、计算机网络等进入使用阶段；软件系统工程化、理论化、程序设计实现部分自动化的能力。

同时期，来自《电子新闻》的记者唐·赫夫勒（Don Hoefler）依据半导体中的主要成分硅命名了当时的帕洛阿托地区，“硅谷”由此得名。

1972年，原CDC公司的西蒙·克雷（S. Cray）博士独自创立了“克雷研究公司”，专注于巨型机领域。

1973年5月，由施乐PARC研究中心的鲍伯·梅特卡夫（Bob Metcalfe）组建的世界上第一个个人计算机局域网络——ALTOALOHA网络开始正式运转，梅特卡夫将该网络改名为“以太网”。

1974年4月，Intel推出了自己的第一款8位微处理芯片8080。

1974年12月，电脑爱好者爱德华·罗伯茨（E. Roberts）发布了自己制作的装配有8080处理器的计算机“牛郎星”，这也是世界上第一台装配有微处理器的计算机，从此掀开了个人电脑的序幕。

1975年，克雷完成了自己的第一个超级计算机“克雷一号"（CARY-1），实现了1亿次/s的运算速度。该机占地不到7m$^2$，质量不超过5t，共安装了约35万块集成电路。

1975年7月，比尔·盖茨（B. Gates）在成功为“牛郎星”配上了BASIC语言之后从哈佛大学退学，与好友保罗·艾伦（Paul Allen）一同创办了微软公司，并为公司制订了奋斗目标：“每一个家庭每一张桌上都有一部微型电脑运行着微软的程序！”

1976年4月，斯蒂夫·沃兹尼亚克（Stephen Wozinak）和斯蒂夫·乔布斯（Stephen Jobs）共同创立了苹果公司，并推出了自己的第一款计算机：Apple-Ⅰ，如图1-9所示。

图1-9 Apple-Ⅰ

1977年6月，拉里·埃里森（Larry Ellison）与自己的好友鲍勃·米纳（Bob Miner）和爱德华·奥茨（Edward Oates）一起创立了甲骨文公司（Oracle Corpo-ration）。

1979年6月，鲍伯·梅特卡夫（Bob Metcalfe）离开了PARC，并同霍华德·查米（Howard Charney）、罗恩·克兰（Ron Crane）、格雷格·肖（Greg Shaw）和比尔·克劳斯（Bill Kraus）组成一个计算机通信和兼容性公司，这就是现在著名的3Com公司。

以上是前四代计算机发展历程的介绍，将其归纳总结见表1-1。

表 1-1 计算机发展

| 发展阶段 | 逻辑元件 | 主存储器 | 运算速度 /（次·$s^{-1}$） | 特点 | 软件 | 应用 |
|---|---|---|---|---|---|---|
| 第一代（1946—1958） | 电子管 | 电子射线管 | 几千到几万 | 体积大、耗电多、速度低、成本高 | 机器语言、汇编语言 | 军事研究、科学计算 |
| 第二代（1958—1964） | 晶体管 | 磁芯 | 几十万 | 体积小、速度快、功耗低、性能稳定 | 监控程序、高级语言 | 数据处理、事务处理 |
| 第三代（1964—1971） | 中小规模集成电路 | 半导体 | 几十万到几百万 | 体积更小、价格更低、可靠性更高、计算速度更快 | 操作系统、编辑系统、应用程序 | 开始广泛应用 |
| 第四代（1971—至今） | 大规模、超大规模集成电路 | 集成度更高的半导体 | 上千万到上亿 | 性能大幅度提高，价格大幅度降低 | 操作系统完善、数据库系统、高级语言发展、应用程序发展 | 渗入社会各级领域 |

## 五、第五代计算机

第五代计算机也称“智能计算机”，是将信息采集、存储、处理、通信同人工智能结合在一起的智能计算机系统。它能进行数值计算或处理一般的信息，主要能面向知识处理，具有形式化推理、联想、学习和解释的能力，能够帮助人们进行判断、决策、开拓未知领域和获得新的知识。人机之间可以直接通过自然语言（声音、文字）或图形图像交换信息。

第五代计算机是为适应未来社会信息化的要求而提出的，与前四代计算机有着本质的区别，是计算机发展史上的一次重大变革。

### （一）基本结构

第五代计算机的基本结构通常由问题求解与推理、知识库管理和智能化人机接口三个基本子系统组成。

问题求解与推理子系统相当于传统计算机中的中央处理器。与该子系统打交道的程序语言称为核心语言，国际上都以逻辑型语言或函数型语言为基础进行这方面的研究，它是构成第五代计算机系统结构和各种超级软件的基础。

知识库管理子系统相当于传统计算机主存储器、虚拟存储器和文件系统的结合。与该子系统打交道的程序语言称为高级查询语言，用于知识的表达、存储、获取和更新等。这个子系统的通用知识库软件是第五代计算机系统基本软件的核心。通用知识库包含：日用词法、语法、语言字典和基本字库常识的一般知识库；用于描述系统本身技术规范的系统知识库；以及将某一应用领域，如超大规模集成电路设计的技术知识集中在一起的应用知识库。

智能化人-机接口子系统是使人能通过说话、文字、图形和图像等与计算机对话，用人类习惯的各种可能方式交流信息。这里，自然语言是最高级的用户语言，它使非专业人员操作计算机，并为从中获取所需的知识信息提供可能。

### （二）研究领域

当前第五代计算机的研究领域大体包括人工智能、系统结构、软件工程和支援设备，以及对社会的影响等。人工智能的应用将是未来信息处理的主流，因此，第五代计算机的发展，必将与人工智能、知识工程和专家系统等的研究紧密相联。

电子计算机的基本工作原理是先将程序存入存储器中，然后按照程序逐次进行运算。这种计算机是由美国物理学家冯·诺依曼首先提出理论和设计思想的，因此又称“诺依曼机器”。第五代计算机系统结构将突破传统的诺依曼机器的概念。这方面的研究课题应包括逻辑程序设计机、函数机、相关代数机、抽象数据型支援机、数据流机、关系数据库机、分布式数据库系统、分布式信息通信网络等。

## 六、计算机的发展趋势

计算机作为人类最伟大的发明之一，其技术发展深刻地影响着人们生产和生活。特别是随着处理器结构的微型化，计算机的应用从之前的国防军事领域开始向社会各个行业发展，如教育系统、商业领域、家庭生活等。计算机的应用在我国越来越普遍，改革开放以后，我国计算机用户的数量不断攀升，应用水平不断提高，特别是互联网、通信、多媒体等领域的应用取得了骄人的成绩。据统计，2019年1月至2019年11月，全国电子计算机累计产量达到32277万台，截至2019年11月中国移动互联网活跃用户高达8.54亿人，截至2019年12月我国网站数量为497万个。

计算机从出现至今，经历了机器语言、程序语言、简单操作系统和Linux、Macos、BSD、Windows等现代操作系统，运行速度也得到了极大的提升，第四代计算机的运算速度已经达到几十亿秒。计算机也由原来的仅供军事、科研使用发展到人人拥有。由于计算机强大的应用功能，从而产生了巨大的市场需要，未来计算机性能应向着巨型化、微型化、网络化、智能化、网格化和非冯·诺依曼式计算机等方向发展。

### （一）巨型化

巨型化是指研制速度更快、存储量更大和功能更强大的巨型计算机。主要应用于天文、气象、地质和核技术、航天飞机和卫星轨道计算等尖端科学技术领域，研制巨型计算机的技术水平是衡量一个国家科学技术和工业发展水平的重要标志。

### （二）微型化

微型化是指利用微电子技术和超大规模集成电路技术，将计算机的体积进一步缩小，价格进一步降低。计算机的微型化已成为计算机发展的重要方向，各种笔记本电脑和PDA的大量面世和使用，是计算机微型化的一个标志。

### （三）多媒体化

多媒体化是对图像、声音的处理，是目前计算机普遍需要具有的基本功能。

### （四）网络化

计算机网络是通信技术与计算机技术相结合的产物。计算机网络是将不同地点、不同计算机之间在网络软件的协调下共享资源。为适应网络上通信的要求，计算机对信息处理速度、存储量均有较高的要求，计算机的发展必须适应网络发展。

### （五）智能化

计算机智能化是指使计算机具有模拟人的感觉和思维过程的能力。智能化的研究包括模拟识别、物形分析、自然语言的生成和理解、博弈、定理自动证明、自动程序设计、专家系统、学习系统和智能机器人等。目前，已研制出多种具有人的部分智能的机器人，可代替人在一些危险的岗位上工作。如今家庭智能化的机器人将是继PC机之后下一个家庭普及的信息化产品。

### （六）网格化

网格技术可以更好地管理网上的资源，它将整个互联网虚拟成一个空前强大的一体化信息系统，犹如一台巨型机，在这个动态变化的网络环境中，实现计算资源、存储资源、数据资源、信息资源、知识资源、专家资源的全面共享，从而让用户从中享受可灵活控制的、智能的、协作式的信息服务，并获得前所未有的使用方便性和超强能力。

### （七）非冯·诺依曼式计算机

随着计算机应用领域的不断扩大，采用存储方式进行工作的冯·诺依曼式计算机逐渐显露出局限性，从而出现了非冯·诺依曼式计算机的构想。在软件方面，非冯·诺依曼语言主要有LISP，PROLOG和F.P，而在硬件方面，提出了与人脑神经网络类似的新型超大规模集成电路——分子芯片。

基于集成电路的计算机短期内还不会退出历史舞台，而一些新的计算机正在跃跃欲试地加紧研究，这些计算机是能识别自然语言的计算机、高速超导计算机、纳米计算机、激光计算机、DNA计算机、量子计算机、生物计算机、神经元计算机等。

1.纳米计算机

纳米计算机是用纳米技术研发的新型高性能计算机。纳米管元件尺寸在几到几十纳米范围，质地坚固，有着极强的导电性，能代替硅芯片制造计算机。“纳米”是计量单位，1nm=$10^{-9}$m，大约是氢原子直径的10倍。纳米技术是从20世纪80年代初迅速发展起来的科研前沿领域，最终目标是让人类按照自己的意志直接操纵单个原子，制造出具有特定功能的产品。纳米技术正从微电子机械系统起步，把传感器、电动机和各种处理器都放在一个硅芯片上而构成一个系统。应用纳米技术研制的计算机内存芯片，其体积只有数百个原子大小，相当于人的头发丝直径的1/1000。纳米计算机不仅几乎不需要耗费任何能源，而且其性能要比今天的计算机强许多倍。

2.生物计算机

20世纪80年代以来，生物工程学家对人脑、神经元和感受器的研究倾注了大量精力，以期研制出可以模拟人脑思维、低耗、高效的生物计算机。用蛋白质制造的电脑芯片，存储量可达普通电脑的10亿倍。生物电脑元件的密度比大脑神经元的密度高100万倍，传递信息的速度也比人脑思维的速度快100万倍。

3.神经元计算机

神经元计算机的特点是可以实现分布式联想记忆，并能在一定程度上模拟人和动物的学习方式。它是一种有知识、会学习、能推理的计算机，具有能理解自然语言、声音、文字和图像的能力，并且还能够用自然语言与人直接对话，它可以利用已有的和不断学习的知识，进行思维、联想、推理并得出结论，能解决复杂问题，具有汇集、记忆、检索有关知识的能力。

在IBM Think 2018大会上，IBM展示了号称是全球最小的电脑，需要显微镜才能看清，因为这部电脑比盐粒还要小很多，只有1mm$^2$大小，而且这个微型电脑的成本只有10美分。麻雀虽小，也是五脏俱全。这是一个货真价实的电脑，里面有几十万个晶体管，搭载了SRAM（静态随机存储芯片）芯片和光电探测器。这部电脑不同于人们常见的个人电脑，其运算能力只相当于40多年前的X86电脑。不过这个微型电脑也不是用于常见的领域，而是用在数据的监控、分析和通信上。实际上，这个微型电脑是用于区块链技术的，可以用作区块链应用的数据源，追踪商品的发货，预防偷窃和欺骗，还可以进行基本的人工智能操作。

## 第三节　计算机的分类

计算机分类的方式有很多种。按照计算机处理的对象及其数据的表示形式可分为数字计算机、模拟计算机、数字模拟混合计算机。

1.数字计算机：该类计算机输入、处理、输出和存储的数据都是数字量，这些数据在时间上是离散的。

2.模拟计算机：该类计算机输入、处理、输出和存储的数据是模拟量（如电压、电流等），这些数据在时间上是连续的。

3.数字模拟混合计算机：该类计算机将数字技术和模拟技术相结合，兼有数字计算机和模拟计算机的功能。

按照计算机的用途及其使用范围可分为通用计算机和专用计算机。

1.通用计算机：该类计算机具有广泛的用途，可用于科学计算、数据处理、过程控制等。

2.专用计算机：该类计算机适用于某些特殊的应用领域，如智能仪表，军事装备的自动控制等。

按照计算机的规模可分为巨型计算机（超级计算机）、大/中型计算机、小型计算机、微型计算机、工作站、服务器，以及手持式移动终端、智能手机、网络计算机等类型。

### 一、超级计算机

巨型计算机又称超级计算机（super computer），诞生于1983年12月。它使用通用处理器及UNIX或类UNIX操作系统（如Linux），计算的速度与内存性能、大小相关，主要应用于密集计算、海量数据处理等领域。它一般都需要使用大量处理器，通常由多个机柜组成。在政府部门和国防科技领域曾得到广泛的应用，诸如石油勘探、国防科研等。自20世纪90年代中期以来，巨型机的应用领域开始得到扩展，从传统的科学和工程计算延伸到事务处理、商业自动化等领域。国际商业机器公司IBM曾致力于研究尖端超级计算，在计算机体系结构中，在必须编程和控制整体并行系统的软件中和在重要生物学的高级计算应用。而Blue Gene/L超级计算机就是IBM公司、利弗摩尔实验室和美国能源部为此而联合制作完成的超级计算机。在我国，巨型机的研发也取得了很大的进步，推出了“天河”“神威”等代表国内最高水平的巨型机系统，并在国民经济的关键领域得到了广泛应用。

我国超级计算机的发展，见表1-2。

**表1-2 我国超级计算机的发展**

| 系列 | 研究单位 | 计算机名称 | 研制成功时间 | 运行速度/次·$s^{-1}$ | 备注 |
|---|---|---|---|---|---|
| 银河系列 | 国防科技大学计算机研究所 | 银河-Ⅰ | 1983年 | 1亿 | |
| | | 银河-Ⅱ | 1994年 | 10亿 | |
| | | 银河-Ⅲ | 1997年 | 130亿 | |
| | | 银河-Ⅳ | 2000年 | 1万亿 | |
| | | 银河-Ⅴ | 未知 | 未知 | 军用 |
| 天河系列 | 国防科技大学计算机研究所 | 天河一号 | 2009年 | 206万亿（2009年）<br>566万亿（2010年及以后） | |
| | | 天河二号 | 2014年 | 3.39亿亿 | |
| 曙光系列 | 中科院计算技术研究所（曙光信息产业股份有限公司） | 曙光一号 | 1992年 | 6.4亿 | |
| | | 曙光-1000 | 1995年 | 25亿 | |
| | | 曙光-1000A | 1996年 | 40亿 | |
| | | 曙光-2000Ⅰ | 1998年 | 200亿 | |
| | | 曙光-2000Ⅱ | 1999年 | 1117亿 | |
| | | 曙光-3000 | 2000年 | 4032亿 | |
| | | 曙光-4000L | 2003年 | 4.2万亿 | |
| | | 曙光-4000A | 2004年 | 11万亿 | |
| | | 曙光-5000A | 2008年 | 230万亿 | |
| | | 曙光-星云 | 2010年 | 1271万亿 | |
| | | 曙光-6000 | 2011年 | 1271万亿 | 采用曙光星云系统 |
| 神威系列 | 国家并行计算机工程技术中心 | 神威-Ⅰ | 1999年 | 3840亿 | |
| | | 神威3000A | 2007年 | 18万亿 | |
| | | 神威-Ⅱ | 在研 | 300万亿 | 军用 |
| | | 神威·太湖之光 | 2016年 | 9.3亿亿 | |
| 深腾系列 | 联想集团 | 深腾1800 | 2002年 | 1万亿次 | |
| | | 深腾6800 | 2003年 | 5.3万亿 | |
| | | 深腾7000 | 2008年 | 106.5万亿 | |
| | | 深腾X | 在研 | 1000万亿 | |

截至2020年6月，世界超级计算机排名前10位，见表2.3。

**表1-3　2020年6月世界超级计算机排名前10位**

| 排名 | 超级计算机名称 | 制造商 | 参数 | 简介 |
| --- | --- | --- | --- | --- |
| NO. 1 | Fugaku（日本） | 富士通 | 处理器核芯：7299072个；峰值（Rmax）：415530TFlop/s | Fugaku原来被称为“PostK”，是曾经的世界第一超级计算机K computer的第四代，采用ARM架构的富士通A64FX处理器，性能为Summit的2.8倍 |
| NO. 2 | Summit（美国） | IBM | 处理器核芯：2414592个；峰值（Rmax）：148600TFlop/s | Summit是IBM和美国能源部橡树岭国家实验室（ORNL）推出的超级计算机，比同在橡树岭实验室的Titan——前美国超算记录保持者要快接近8倍。在其之下，近28000块英伟达Volta GPU提供了95%的算力 |
| NO. 3 | Sierra（MS） | IBM | 处理器核芯：1572480个；峰值（Rmax）：94640TFlop/s | Sierra超级计算机，美国能源部橡树岭国家实验室已经给它定下来要做的事情，助力科学家在高能物理、材料发现、医疗保健等领域的研究探索。其中在癌症研究方面将用于名为“CANcer分布式学习环境（CANDLE）”的项目 |
| NO. 4 | 神威·太湖之光（中国） | 中国国家并行计算机工程技术研究中心 | 处理器核芯：10649600个；峰值（Rmax）：93015TFlop/s | 我国的神威“太湖之光”超级计算机曾连续获得四届top 500冠军，该系统全部使用中国自主知识产权的处理器芯片 |

续表

| 排名 | 超级计算机名称 | 制造商 | 参数 | 简介 |
| --- | --- | --- | --- | --- |
| NO.5 | TH-2天河二号（中国） | 国防科技大学 | 处理器核芯：4981760个；峰值（Rmax）：61445TFlop/s | 天河二号曾经获得6次冠军，它采用麒麟操作系统，目前使用英特尔处理器，将来计划替换为国产处理器。它不仅助力探月工程、载人航天等政府科研项目，还在石油勘探、汽车和飞机的设计制造、基因测序等民用方面大显身手 |
| NO.6 | HPC5（意大利） | Dell EMC | 处理器核芯：669760个；峰值（Rmax）：35450TFlop/s | 由DELL EMC公司为Eni能源公司打造的功能强大的工业用超级计算机，它的混合体系结构使分子模拟算法特别有效 |
| NO.7 | Selene（美国） | Nvidia | 处理器核芯：277760个；峰值（Rmax）：27580TFlop/s | Selene基于Nvidia的DGX SuperPOD架构研发，这是一种针对人工智能工作负载而开发的新系统。Selene已被部署来解决诸如蛋白质对接和量子化学等方面的问题，这些问题是人类进一步了解冠状病毒以及可能治愈COVID-19疾病的关键 |
| NO.8 | Frontera（美国） | Dell EMC | 处理器核芯：448448个；峰值（Rmax）：23516TFlop/s | 由DELLEMC公司为德克萨斯高级计算中心（TACC）打造，计划用于多领域科研计算 |
| NO.9 | Marconi-100（意大利） | IBM、NVIDIA | 处理器核芯：347776个；峰值（Rmax）：21640TFlop/s | 意大利的Marconi-100系统，由IBM Powei9处理器和NVIDIA V100 GPU组成，采用双轨Mellanox EDR InfiniBand作为系统网络 |
| NO.10 | Piz Daint（瑞士） | Cray | 处理器核芯：387872个；峰值（Rmax）：21230TFlop/s | 采用Cray XC50系统，同时配备了Intel Xeon处理器和NVIDIA P100 GPU。提供了相比其他Cray超级计算机“最高性能的密度”，让客户可以应对更大、更复杂的工作负载 |

## 二、大型计算机

大型计算机作为大型商业服务器，在今天仍具有很强活力。它们一般用于大型事务处理系统，特别是过去完成的且不值得重新编写的数据库应用系统方面，其应用软件通常是硬件成本的好几倍，因此，大型机仍有一定地位。

大型机体系结构的最大好处是无与伦比的I/O处理能力。虽然大型机处理器并不总是拥有领先优势，但是它们的I/O体系结构使它们能处理好几个PC服务器才能处理的数据。大型机的另一些特点包括它的大尺寸和使用液体冷却处理器阵列。在使用大量中心化处理的组织中，它仍有重要的地位。

由于小型计算机的到来，新型大型机的销售速度已经明显放缓。在电子商务系统中，如果数据库服务器或电子商务服务器需要高性能、高效的I/O处理能力，可以采用大型机。

### （一）发展历史

在20世纪60年代，大多数主机没有交互式的界面，通常使用打孔卡、磁带等。

1964年，IBM引入了System/360，它是由5种功能越来越强大的计算机所组成的系列，这些计算机运行同一操作系统并能够使用相同的44个外围设备。

1972年，SAP公司为System/360开发了革命性的“企业资源计划”系统。

1999年，Linux出现在System/390中，第一次将开放式源代码计算的灵活性与主机的传统可伸缩性和可靠性相结合。

### （二）大型计算机的特点

现代大型计算机并非主要通过每秒运算次数MIPS来衡量性能，而是可靠性、安全性、向后兼容性和极其高效的I/O性能。主机通常强调大规模的数据输入输出，着重强调数据的吞吐量。

大型计算机可以同时运行多操作系统，不像是一台计算机而更像是多台虚拟机，一台主机可以替代多台普通的服务器，是虚拟化的先驱，同时主机还拥有强大的容错能力。

大型机使用专用的操作系统和应用软件，在主机上编程采用COBOL，同时采用的数据库为IBM自行开发的DB2。在大型机上工作的DB2数据库管理员能够管理比其他平台多3～4倍的数据量。

### （三）与超级计算机的区别

超级计算机有极强的计算速度，通常用于科学与工程上的计算，其计算速度受运算速度与内存大小所限制；而主机运算任务主要受到数据传输与转移、可靠性及并发处理性能所限制。

主机更倾向于整数运算，如订单数据、银行数据等，同时在安全性、可靠性和稳定性方面优于超级计算机。而超级计算机更强调浮点运算性能，如天气预报。主机在处理数据的同时需要读写或传输大量信息，如海量的交易信息、航班信息等。

## 三、小型计算机

小型计算机（图1-10）是相对于大型计算机而言的，小型计算机的软件、硬件系统规模比较小，但价格低、可靠性高，便于维护和使用。小型计算机是硬件系统比较小，但功能却不少的微型计算机，方便携带和使用。近年来，小型机的发展也引人注目，特别是缩减指令系统计算机（Reduced Instruction Set Computer，RISC）体系结构，顾名思义是指令系统简化、缩小了的计算机，而过去的计算机则统属于复杂指令系统计算机（Complex Instruction Set Computer，CISC）。

小型机运行原理类似于PC（个人电脑）和服务器，但性能及用途又与它们截然不同，它是20世纪70年代由DCE公司（数字设备公司）首先开发的一种高性能计算产品。

小型机具有区别PC及其服务器的特有体系结构，还有各制造厂自己的专利技术，比如美国Sun、日本Fujitsu（富士通）等公司的小型机是基于SPARC处理器架构；美国HP公司的则是基于PA-RISC架构；Compaq公司是Alpha架构；另外，I/O总线也不相同，Fujitsu是PCI，Sun是SBUS，等等。这就意味着各公司小型机机器上的插卡（如网卡、显示卡、SCSI卡等）可能也是专用的。此外，小型机使用的操作系统一般是基于UNIX的，例如，Sun，Fujitsu是用Sun Solaris，HP是用HP-UNIX，IBM是AIX。所以小型机是封闭专用的计算机系统，使用小型机的用户一般是看中UNIX操作系统的安全性、可靠性和专用服务器的高速运算能力。

现在生产小型机的厂商主要有IBM、HP、浪潮及曙光等。IBM典型机器有RS/6000、AS/400等。它们的主要特色在于年宕机时间只有几小时，所以又统称为z系列（zero，零）。AS/400主要应用在银行和制造业，还有用于Domino服务器，主要技术在于TIMI（技术独立机器界面）、单级存储，有了TIMI技术可以做到硬件与软件相互独立。RS/6000比较常见，一般用于科学计算和事务处理等。

为了扩大小型计算机的应用领域，出现了采用各种技术研制出超级小型计算机。这些高性能小型计算机的处理能力达到或超过了低档大型计算机的能力。因此，小型计算机和大型计算机的界线也有了一定的交错。

小型计算机提高性能的技术措施主要有以下四个方面：

（1）字长增加到32位，以便提高运算精度和速度，增强指令功能，扩大寻址范围，提高计算机的处理能力。

（2）采用大型计算机中的一些技术，如采用流水线结构、通用寄存器、超高速缓冲存储器、快速总线和通道等来提高系统的运算速度和吞吐率。

（3）采用各种大规模集成电路，用快速存储器、门阵列、程序逻辑阵列、大容量存储芯片和各种接口芯片等构成计算机系统，以缩小体积和降低功耗，提高性能和可靠性。

（4）研制功能更强的系统软件、工具软件、通信软件、数据库和应用程序包，以及能支持软件核心部分的硬件系统结构、指令系统和固件，软件、硬件结合起来构成用途广泛的高性能系统。

### 四、工作站

工作站是一种高端的通用微型计算机。它是由计算机和相应的外部设备以及成套的应用软件包所组成的信息处理系统，能够完成用户交给的特定任务，是推动计算机普及应用的有效方式。它能提供比个人计算机更强大的性能，尤其是图形处理能力和任务并行方面的能力。通常配有高分辨率的大屏、多屏显示器及容量很大的内存储器和外部存储器，并且具有极强的信息和高性能的图形、图像处理功能。另外，连接到服务器的终端机也可称为工作站。工作站的应用领域有科学和工程计算、软件开发、计算机辅助分析、计算机辅助制造、工程设计和应用、图形和图像处理、过程控制和信息管理等。

工作站应具备强大的数据处理能力，有直观的便于人机交换信息的用户接口，可以与计算机网络相连，在更大的范围内互通信息，共享资源。常见的工作站有计算机辅助设计（CAD）工作站（或称工程工作站）、办公自动化（OA）工作站、图像处理工作站等。

不同任务的工作站有不同的硬件和软件配置。

1.一个小型CAD工作站的典型硬件配置为：普通计算机，带有功能键的CRT终端、光笔、平面绘图仪、数字化仪、打印机等；软件配置为：操作系统、编译程序、相应的数据库和数据库管理系统、二维和三维的绘图软件，以及成套的计算、分析软件包。它可以完成用户提交的各种机械的、电气的设计任务。

2.OA工作站的主要硬件配置为：普通计算机，办公用终端设备（如电传打字机、交互式终端、传真机、激光打印机、智能复印机等），通信设施（如局部区域网、程控交换机、公用数据网、综合业务数字网等）；软件配置为：操作系统、编译程序、各种服务程序、通信软件、数据库管理系统、电子邮件、文字处理软件、表格处理软件、各种编辑软件，以及专门业务活动的软件包，如人事管理、财务管理、行政事务管理等软件，并配备相应的数据库。OA工作站的任务是完成各种办公信息的处理。

3.图像处理工作站的主要硬件配置为：顶级计算机，一般还包括超强性能的显卡（由CUDA并行编程的发展所致），图像数字化设备（包括电子的、光学的或机电的扫描设备，数字化仪），图像输出设备，交互式图像终端；软件配置为：除了一般的系统软件外，还要有成套的图像处理软件包，它可以完成用户提出的各种图像处理任务。越来越多的计算机厂家在生产和销售各种工作站。

工作站根据软、硬件平台的不同，一般分为基于RISC（精简指令系统）架构的UNIX系统工作站和基于Windows、Intel的PC工作站。

1.UNIX工作站是一种高性能的专业工作站，具有强大的处理器（以前多采用RISC芯片）和优化的内存、I/O（输入/输出）、图形子系统液用专有的处理器（英特尔至强XEON、AMD皓龙等）、内存以及图形等硬件系统，Windows 7旗舰版操作系统和UNIX系统，针对特定硬件平台的应用软件彼此互不兼容。

2.PC工作站则是基于高性能的英特尔至强处理器之上，使用稳定的Windows 7 32/64位操作系统，采用符合专业图形标准（OpenGL 4.x和DirectX 11）的图形系统，再加上高性能的存储、I/O（输入/输出）、网络等子系统，来满足专业软件运行的要求；以Linux为架构的工作站采用的是标准、开放的系统平台，能最大程度地降低拥有成本——甚至可以免费使用Linux系统及基于Linux系统的开源软件；以Mac OS和Windows为架构的工作站采用的是标准、闭源的系统平台，具有高度的数据安全性和配置的灵活性，可根据不同的需求来配置工作站的解决方案。

另外，根据体积和便携性，工作站还可分为台式工作站和移动工作站。

1.台式工作站类似于普通台式电脑，体积较大，没有便携性，但性能强劲，适合专业用户使用。

2.移动工作站其实就是一台高性能的笔记本电脑，但其硬件配置和整体性能又比普通笔记本电脑高一个档次。适用机型是指该工作站配件所适用的具体机型系列或型号。

不同的工作站标配不同的硬件，工作站配件的兼容性问题虽然不像服务器那样明显，但从稳定性角度考虑，通常还需使用特定的配件，这主要是由工作站的工作性质决定的。

按照工作站的用途可分为通用工作站和专用工作站。

通用工作站没有特定的使用目的，可以在以程序开发为主的多种环境中使用。通常在通用工作站上配置相应的硬件和软件，以适应特殊用途。在客户服务器环境中，通用工作站常作为客户机使用。

专用工作站是为特定用途开发的，由相应的硬件和软件构成，可分为办公工作站、工程工作站和人工智能工作站等。

1.办公工作站是为了高效地进行办公业务，如文件和图形的制作、编辑、打印、处理、检索、维护，电子邮件和日程管理等。

2.工程工作站是以开发、研究为主要用途而设计的，大多具有高速运算能力和强化了的图形功能，是计算机辅助设计、制造、测试、排版、印刷等领域用得最多的工作站。

3.人工智能工作站用于智能应用的研究开发，可以高效地运行LISP，PROLOG等人工智能语言。后来，这种专用工作站已被通用工作站所取代。

4.数字音频工作站一般由三部分构成，即计算机、音频处理接口卡和功能软件。计算机相当于数字音频工作站的“大脑”，是数字音频工作站的“指挥中心”，也是音频文件的存储、交换中心。音频处理接口卡相当于数字音频工作站的“连接器”，负责通过模拟输入/输出、数字输入/输出、同轴输入/输出，MIDI接口等连接调音台、录音设备等外围设备。功能软件相当于数字音频工作站的“工具”，用鼠标点击计算机屏幕上的用户界面，就可以通过各种功能软件实现广播节目编辑、录音、制作、传输、存储、复制、管理、播放等工作。数字音频工作站的功能强大与否直接取决于其功能软件。全新的设计，极其人性化的用户界面，强大的浏览功能，多种拖放功能，简单易用的MIDI映射功能，与音频系统对应的自动配置功能，较好的音质，无限制的音轨数及每轨无限的插件数，支持各种最新技术规格，便利的起始页面，化繁杂为简单。如Studio One Pro及Studio One Artist等音乐制作工具都体现了下一代功能软件的特性。

需要注意的是，工作站区别于其他计算机，特别是区别于PC机，它对显卡、内存、CPU、硬盘都有更高的要求。

### （一）显卡

作为图形工作站的主要组成部分，一块性能强劲的3D专业显卡的重要性，从某种意义上来说甚至超过了处理器。与针对游戏、娱乐市场为主的消费类显卡相比，3D专业显卡主要面对的是三维动画（如3ds Max、Maya、Softimage 3D）、渲染（如LightScape、3DS VIZ）、CAD（如AutoCAD、Pro/Engineer、Unigraphics、Solid Works）、模型设计（如Rhino）以及部分科学应用等专业开放式图形库（Open GL）应用市场。对这部分图形工作站用户来说，它们所使用的硬件无论是速度、稳定性还是软件的兼容性都很重要。用户的高标准、严要求使得3D专业显卡从设计到生产都必须达到极高的水准，加上用户群的相对有限造成生产数量较少，其总体成本的大幅上升也就不可避免了。与一般的消费类显卡相比，3D专业显卡的价格要高得多，达到了几倍甚至十几倍的差距。

### （二）内存

主流工作站的内存为ECC内存和REG内存。ECC主要用在中低端工作站上，并非像常见的PC版DDR3那样是内存的传输标准，ECC内存是具有错误校验和纠错功能的内存。ECC是Error Checking and Correcting的简称，它是通过在原来的数据位上额外增加数据位来实现的。如8位数据，则需1位用于Parity（奇偶校验）检验，5位用于ECC，这额外的5位是用来重建错误数据的。当数据的位数增加一倍时，Parity也增加一倍，而ECC只需增加1位，所以，当数据为64位时，所用的ECC和Parity位数相同（都为8）。在那些Parity只能检测到错误的地方，ECC可以纠正绝大多数错误。若工作正常时，不会发觉数据出过错，只有经过内存的纠错后，计算机的操作指令才可以继续执行。在纠错时系统的性能有着明显降低，不过这种纠错对服务器等应用而言是十分重要的，ECC内存的价格比普通内存要昂贵许多。而高端的工作站和服务器上用的都是REG内存，REG内存一定是ECC内存，而且多加了一个寄存器缓存，数据存取速度大大加快，其价格比ECC内存还要贵。

### （三）CPU

传统的工作站CPU一般为非Intel或AMD公司生产的CPU，而是使用RISC架构处理器，比如PowerPC处理器、SPARC处理器、Alpha处理器等，相应的操作系统一般为UNIX或其他专门的操作系统。全新的英特尔NEHALEM架构四核或者六核处理器具有以下几个特点：

1.超大的二级三级缓存，三级缓存六核或四核达到12M；

2.内存控制器直接通过QPI通道集成在CPU上，彻底解决了前端总线带宽瓶颈；

3.英特尔独特的内核加速模式turbo mode根据需要开启、关闭内核的运行；

4.第三代超线程SMT技术。

### （四）硬盘

用于工作站系统的硬盘根据接口不同，主要有SAS硬盘、SATA（Serial ATA）硬盘、SCSI硬盘、固态硬盘。工作站对硬盘的要求介于普通台式机和服务器之间。因此，低端的工作站也可以使用与台式机一样的SATA或者SAS硬盘，而中高端的工作站会使用SAS或固态硬盘。

## 五、微型计算机

微型计算机简称“微型机”或“微机”，由于其具备人脑的某些功能，所以也称其为“微电3脑”，又称为“个人计算机”（Personal Computer，PC）。微型计算机是由大规模集成电路组成的体积较小的电子计算机。它是以微处理器为基础，配以内存储器及输入输出（I/O）接口电路和相应的辅助电路而构成的裸机。

微型计算机的特点是体积小、灵活性大、价格便宜、使用方便。自1981年美国IBM公司推出第一代微型计算机IBM-PC以来，微型机以其执行结果精确、处理速度快捷、性价比高、轻便小巧等特点迅速进入社会各个领域，且技术不断更新、产品快速换代，从单纯的计算工具发展成为能够处理数字、符号、文字、语言、图形、图像、音频、视频等多种信息的强大多媒体工具。如今的微型机产品无论从运算速度、多媒体功能、软硬件支持，还是易用性等方面，都比早期产品有了质的飞跃。

许多公司（如Motorola等）也争相研制微处理器，推出了8位、16位、32位、64位的微处理器。每18个月，微处理器的集成度和处理速度就提高一倍，价格却下降一半。微型计算机的种类很多，主要分台式机（desktop computer）、笔记本（notebook）电脑和个人数字助理PDA三类（图1-11）。

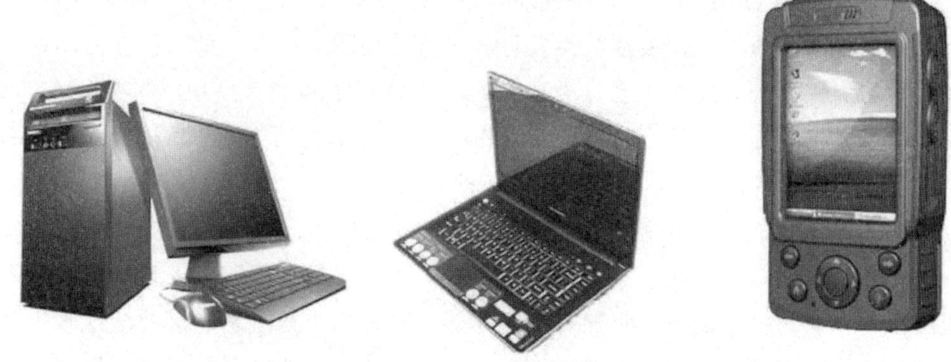

图1-11 台式机、笔记本电脑和个人数字助理

通常，微型计算机可分为以下几类：

### （一）工业控制计算机

工业控制计算机是一种采用总线结构，对生产过程及其机电设备、工艺装备进行检测与控制的计算机系统总称，简称“控制机”。它由计算机和过程输入/输出（I/O）两大部分组成。在计算机外部又增加一部分过程输入/输出通道，用来将工业生产过程的检测数据送入计算机进行处理；另一方面，将计算机要行使对生产过程控制的命令、信息转换成工业控制对象的控制变量信号，再送往工业控制对象的控制器中，由控制器行使对生产设备的运行控制。

### （二）个人计算机

1.台式机。台式机是应用非常广泛的微型计算机，是一种独立分离的计算机，体积相对较大，主机、显示器等设备一般都是相对独立的，需要放置在电脑桌或者专门的工作台上，因此命名为“台式机”。台式机的机箱空间大、通风条件好，具有很好的散热性；独立的机箱方便用户进行硬件升级（如显卡、内存、硬盘等）；台式机机箱的开关键、重启键、USB、音频接口都在机箱前置面板中，方便用户使用。

2.电脑一体机。电脑一体机是由一台显示器、一个键盘和一个鼠标组成的计算机。它的芯片、主板与显示器集成在一起，显示器就是一台计算机。因此，只要将键盘和鼠标连接到显示器上，机器就能使用。随着无线技术的发展，电脑一体机的键盘、鼠标与显示器可实现无线连接，机器只有一根电源线，在很大程度上解决了台式机线缆多而杂的问题。

3.笔记本式计算机。笔记本式计算机是一种小型、可携带的个人计算机，通常质量为1~3kg。与台式机架构类似，笔记本式计算机具有更好的便携性。笔记本式计算机除了键盘外，还提供了触控板（touchpad）或触控点（pointing stick），提供了更好的定位和输入功能。

4.掌上电脑（PDA）。PDA（PersonalDigitalAssistant）是个人数字助手的意思。主要提供记事、通讯录、名片交换及行程安排等功能。可以帮助人们在移动中工作、学习、娱乐等。按使用来分类，分为工业级PDA和消费品PDAO工业级PDA主要应用在工业领域，常见的有条形码扫描器、RFID读写器、POS机等；消费品PDA包括的比较多，比如智能手机、手持的游戏机等。

5.平板电脑。平板电脑也称平板式计算机（Tablet Personal Computer，简称Tablet PC、Flat PC、Tablet、Slates)，是一种小型、方便携带的个人计算机，以触摸屏作为基本的输入设备。它拥有的触摸屏，允许用户通过手、触控笔或数字笔来进行作业而不是传统的键盘或鼠标。用户可以通过内置的手写识别、屏幕上的软键盘、语音识别或者一个外接键盘（如果该机型配备的话）实现输入。

**（三）嵌入式计算机**

嵌入式计算机即嵌入式系统，是一种以应用为中心、以微处理器为基础，软硬件可裁剪的，适用于应用系统对功能、可靠性、成本、体积、功耗等综合性严格要求的专用计算机系统。它一般由嵌入式微处理器、外围硬件设备、嵌入式操作系统及用户的应用程序四个部分组成。它是计算机市场中增长最快的，也是种类繁多、形态多种多样的计算机系统。嵌入式系统几乎包括了生活中的电器设备，如计算器、电视机顶盒、手机、数字电视、多媒体播放器、微波炉、数字相机、家庭自动化系统、电梯、空调、安全系统、自动售货机、消费电子设备、工业自动化仪表与医疗仪器等。

## 六、服务器

服务器是计算机的一种，它比普通计算机运行更快、负载更高、价格更贵。服务器在网络中为其他客户机（如PC机、智能手机、ATM等终端甚至是火车系统等大型设备）提供计算或应用服务。服务器具有高速的CPU运算能力、长时间的可靠运行、强大的I/O外部数据吞吐能力以及更好的扩展性。根据所提供的服务，服务器都具备响应服务请求、承担服务、保障服务的能力。服务器作为电子设备，其内部结构十分复杂，但与普通的计算机内部结构相差不大，如CPU、硬盘、内存、系统、系统总线等。

下面从不同角度讨论服务器的分类：

**（一）根据体系结构不同，服务器可以分成两大重要的类别：IA架构服务器和RISC架构服务器。**

这种分类标准的主要依据是两种服务器采用的处理器体系结构不同。RISC架构服务器采用的CPU是所谓的精简指令集的处理器，精简指令集CPU的主要特点是采用定长指令，使用流水线执行指令，这样一个指令的处理可以分成几个阶段，处理器设置不同的处理单元执行指令的不同阶段，比如指令处理如果分成三个阶段，当第n条指令处在第三个处理阶段时，第n+1条指令将处在第二个处理阶段，第n+2条指令将处在第一个处理阶段。这种指令的流水线处理方式使CPU有并行处理指令的能力，以至于处理器能够在单位时间内处理更多的指令。

IA架构的服务器采用的是CISC体系结构（即复杂指令集体系结构），这种体系结构的特点是指令较长，指令的功能较强，单个指令可执行的功能较多，这样可以通过增加运算单元，使一个指令所执行的功能可并行执行，以提高运算能力。长时间以来两种体系结构一直在相互竞争中成长，都取得了快速的发展。IA架构的服务器采用了开放体系结构，因而有了大量的硬件和软件的支持者，在近年有了长足的发展。

**（二）根据服务器的规模不同可以将服务器分成工作组服务器、部门服务器和企业服务器。**

这种分类方法是一种相对比较老的分类方法，主要是根据服务器应用环境的规模来分类，比如一个10台客户机的计算机网络环境适合使用工作组服务器，这种服务器往往采用一个处理器，较小的硬盘容量和不是很强的网络吞吐能力；一个几十台客户机的计算机网络适用部门级服务器，部门级服务器能力相对更强，往往采用两个处理器，有较大的内存和磁盘容量，磁盘I/O和网络I/O的能力也较强，这样才能有足够的处理能力来受理客户端提出的服务需求；而企业级的服务器往往处于100台客户机以上的网络环境，为了承担对大量服务请求的响应，这种服务器往往采用4个处理器、有大量的硬盘和内存，并且能够进一步扩展以满足更高的需求，由于要应付大量的访问，所以这种服务器的网络速度和磁盘速度也应该很高。为达到这一要求，往往要采用多个网卡和多个硬盘并行处理。

不过上述描述是不精确的，还存在很多特殊情况，比如一个网络的客户机可能很多，但对服务器的访问可能很少，就没有必要要一台功能超强的企业级服务器，由于这些因素的存在，使得这种服务器的分类方法更倾向于定性而不是定量。也就是说，从小组级到部门级再到企业级，服务器的性能是在逐渐加强的，其他各种特性也是在逐渐加强的。

**（三）根据服务器的功能不同可以将服务器分成很多类别。**

文件/打印服务器，这是最早的服务器种类，它可以执行文件存储和打印机资源共享的服务，至今这种服务器还在办公环境里广泛应用；数据库服务器，运行一个数据库系统，用于存储和操纵数据，向联网用户提供数据查询、修改服务，这种服务器也是一种广泛应用在商业系统中的服务器；Web服务器、E-Mail服务器、NEWS服务器、PROXY服务器，这些服务器都是Internet应用的典型，它们能完成主页的存储和传送、电子邮件服务、新闻组服务等。所有这些服务器都不仅仅是硬件系统，它们常常是通过硬件和软件的结合来实现特定的功能。

可从以下几个方面来衡量服务器是否达到了其设计目的：

1.可用性

对于一台服务器而言，一个非常重要的方面就是它的“可用性”，即所选服务器能满足长期稳定工作的要求，不能经常出问题。其实就等同于可靠性（reli-ability）。

服务器所面对的是整个网络的用户，而不是单个用户，在大中型企业中，通常要求服务器是永不中断的。在一些特殊应用领域，即使没有用户使用，有些服务器也得不间断地工作，因为它必须持续地为用户提供连接服务，而无论是在上班还是下班，也无论是工作日还是节假日，这就是要求服务器必须具备极高的稳定性的根本原因。

一般来说，专门的服务器都要24h不间断地工作，特别像一些大型的网络服务器，如大公司所用服务器、网站服务器，以及提供公众服务iqdeWEB服务器等更是如此。对于这些服务器来说，也许真正工作开机的次数只有一次，那就是它刚买回全面安装配置好后投入正式使用的那一次，此后，它要不间断地工作，一直到彻底报废。如果动不动就出毛病，则会严重影响公司的正常运行。为了确保服务器具有较高的“可用性”，除了要求各配件质量过关外，还可采取必要的技术和配置措施，如硬件冗余、在线诊断等。

2.可扩展性

服务器必须具有一定的可扩展性，这是因为企业网络不可能长久不变，特别是在信息时代。如果服务器没有一定的可扩展性，当用户一增多就不能负担的话，一台价值几万甚至几十万的服务器在短时间内就要遭到淘汰，这是任何企业都无法承受的。为了保持可扩展性，通常需要服务器具备一定的可扩展空间和冗余件(如磁盘阵列架位、PCI和内存条插槽位等)。

可扩展性具体体现在硬盘是否可扩充，CPU是否可升级或扩展，系统是否支持Windows NT、Linux或UNIX等多种主流操作系统，只有这样才能保持前期投资为后期充分利用。

3.易使用性

服务器的功能相对于PC来说复杂得多，不仅指其硬件配置，更多的是指其软件系统配置。没有全面的软件支持，服务器要实现如此多的功能是无法想象的。但是，软件系统一多，又可能造成服务器的使用性能下降，管理人员无法有效操纵。因此，许多服务器厂商在进行服务器的设计时，除了要充分考虑服务器的可用性、稳定性等方面外，还必须在服务器的易使用性方面下足功夫。例如，服务器是不是容易操作，用户导航系统是不是完善，机箱设计是否人性化，有没有一键恢复功能，是否有操作系统备份，以及有没有足够的培训支持等。

4.易管理性

在服务器的主要特性中还有一个重要特性，那就是服务器的“易管理性”。虽然服务器需要不间断地持续工作，但再好的产品都有可能出现故障。服务器虽然在稳定性方面有足够的保障，但也应有必要的避免出错的措施，以及时发现问题，而且出了故障也能及时得到维护。这不仅可减少服务器出错的机会，同时还可大大提高服务器维护的效率。

服务器的易管理性还体现在服务器是否有智能管理系统、自动报警功能，独立的管理系统、液晶监视器等方面。只有这样，管理员才能轻松管理，高效工作。

因为服务器的特殊性，所以对于安全方面需要重点考虑。

1.服务器所处运行环境

对于计算机网络服务器来说，运行的环境是非常重要的。其中所指的环境主要包括运行温度和空气湿度两个方面。网络服务器与电力的关系是非常紧密的，电力是保证其正常运行的能源支撑基础，电力设备对于运行环境的温度和湿度要求通常比较严格，在温度较高的情况下，网络服务器与其电源的整体温度也会不断升高，如果超出温度耐受临界值，设备会受到不同程度的损坏，甚至会引发火灾。如果环境中的湿度过高，网络服务器中会集结大量水汽，很容易引发漏电事故，严重威胁使用人员的人身安全。

2.网络服务器安全维护意识

系统在运行期间，如果计算机用户缺乏基本的网络服务器安全维护意识，缺少有效的安全维护措施，对于网络服务器的安全维护不给予充分重视，终究会导致网络服务器出现一系列运行故障。与此同时，如果用户没有选择正确的防火墙软件，系统不断出现漏洞，用户个人信息极易遭泄露。

3.服务器系统漏洞问题

计算机网络本身具有开放自由的特性，这种属性既存在技术性优势，在某种程度上也会对计算机系统的安全造成威胁。一旦系统中出现很难修复的程序漏洞，黑客就可能借助漏洞对缓冲区进行信息查找，或攻击计算机系统，这样一来，不但用户信息面临泄露的风险，计算机运行系统也会遭到破坏。

## 第四节　现代计算机的特点

现代计算机主要具有以下一些特点：

### （一）运算速度快

计算机内部的运算是由数字逻辑电路组成的，可以高速而准确地完成各种算术运算。当今计算机系统的运算速度已达到每秒万亿次，微机也可达每秒亿次以上，使大量复杂的科学计算问题得以解决。例如，卫星轨道的计算、大型水坝的计算、24h天气预报的计算等，过去人工计算需要几年、几十年，如今，用计算机只需几天甚至几分钟就可完成。

### （二）计算精度高

科学技术的发展，特别是尖端科学技术的发展，需要高度精确的计算。计算机的精度主要取决于字长，字长越长，计算机的精度就越高。计算机控制的导弹能准确地击中预定的目标，是与计算机的精确计算分不开的。一般计算机可以有十几位甚至几十位（二进制）有效数字，计算精度可由千分之几到百万分之几，是普通计算工具所望尘莫及的。

### （三）存储容量大

计算机要获得很强的计算和数据处理能力，除了依赖计算机的运算速度外，还依赖于它的存储容量大小。计算机有一个存储器，可以存储数据和指令，计算机在运算过程中需要的所有原始数据、计算规则、中间结果和最终结果，都存储在这个存储器中。计算机的存储器分为内存和外存两种。现代计算机的内存和外存容量都很大，如微型计算机内存容量一般都在512 MB（兆字节）以上，最主要的外存——硬盘的存储容量更是达到了太字节（1 TB=1024 GB，1 TB=1024×1024 MB）。

### （四）逻辑运算能力强

计算机在进行数据处理时，除了具有算术运算能力外，还具有逻辑运算能力，可以通过对数据的比较和判断，获得所需的信息。这使得计算机不仅能够解决各种数值计算问题，还能解决各种非数值计算问题，如信息检索、图像识别等。

### （五）自动化程度高

由于计算机具有存储记忆能力和逻辑判断能力，因此，人们可以将预先编好的程序存入计算机内，在运行程序的控制下，计算机能够连续、自动地工作，不需要人的干预。

### （六）支持人机交互

计算机具有多种输入/输出设备，配置适当的软件之后，可支持用户进行人机交互。当这种交互性与声像技术结合形成多媒体界面时，用户的操作便可达到简捷、方便、丰富多彩。

## 第五节 冯·诺依曼体系结构

第二次世界大战期间，冯·诺依曼提出的逻辑和计算机思想指导设计并制造出历史上的第一台通用电子计算机。他的计算机理论主要受自身数学基础影响，且具有高度数学化、逻辑化特征，对于该理论，一般会叫作“计算机的逻辑理论”。其逻辑设计具有以下特点：

（1）将电路、逻辑两种设计进行分离，给计算机建立创造最佳条件。

（2）将个人神经系统、计算机结合在一起，提出全新理念，即生物计算机。

即便ENIAC机是通过当时美国乃至全球顶尖技术实现的，但它采用临时存储，故而缺点较多，比如存储空间有限、程序无法存储等，且运行速度较慢，具有先天不合理性。冯·诺依曼以此为前提制订以下优化方案：

（1）用二进制进行运算，大大加快了计算机速度。

（2）存储程序，也就是通过计算机内部存储器保存运算程序。如此一来，程序员仅仅通过存储器写入相关运算指令，计算机便能立即执行运算操作，大大加快运算效率。

（3）提出计算机由五个部分组成：运算器、控制器、存储器、输入设备和输出设备。

最终冯·诺依曼体系结构就是其所提出的计算机制造的三个基本原则，即采用二进制逻辑、程序存储和程序控制以及计算机由五个部分组成（运算器、控制器、存储器、输入设备、输出设备）。

现代计算机发展所遵循的基本结构形式始终是冯·诺依曼机结构。这种结构特点是“程序存储，共享数据，顺序执行”，需要CPU从存储器取出指令和数据进行相应的计算。主要特点有：

（1）单处理机结构，机器以运算器为中心；

（2）采用程序存储思想；

（3）指令和数据一样可以参与运算；

（4）数据以二进制表示；

（5）将软件和硬件完全分离；

（6）指令由操作码和操作数组成；

（7）指令顺序执行。

但冯·诺依曼体系结构也存在局限性，例如，CPU与共享存储器间的信息交换的速度成为影响系统性能的主要因素，而信息交换速度的提高又受制于存储元件的速度、存储器的性能和结构等诸多条件。归纳起来如下所述：

（1）指令和数据存储在同一个存储器中，形成系统对存储器的过分依赖。如果存储元件的发展受阻，系统的发展也将受阻。

（2）指令在存储器中按其执行顺序存放，由指令计数器PC指明要执行的指令所在的单元地址，然后取出指令执行操作任务。指令的执行是串行，这影响了系统执行的速度。

（3）存储器是按地址访问的，地址采用线性编址且属于一维结构，这样利于存储和执行机器语言指令，适用于作数值计算。但是，高级语言表示的存储器则是一组有名字的变量，按名字调用变量，不按地址访问。机器语言同高级语言在语义上存在很大的间隔，称为“冯·诺依曼语义间隔”。消除语义间隔成了计算机发展面临的一大难题。

（4）冯·诺依曼体系结构计算机是为算术和逻辑运算而诞生的，目前在数值处理方面已经到达较高的速度和精度，而非数值处理应用领域发展缓慢，需要在体系结构方面有重大的突破。

（5）传统的冯·诺依曼型结构属于控制驱动方式。它是执行指令代码对数值代码进行处理，只要指令明确，输入数据准确，启动程序后自动运行而且结果是预期的。一旦指令和数据有错误，机器不会主动修改指令并完善程序。而人类生活中有许多信息是模糊的，事件的发生、发展和结果是不能预测的，现代计算机的智能还无法应对如此复杂的任务。

# 第六节 计算机的科学应用

## 一、科学计算领域

从1946年计算机诞生到20世纪60年代，计算机的应用主要是以自然科学为基础，以解决重大科研和工程问题为目标，进行大量复杂的数值运算，以帮助人们从烦琐的人工计算中解脱出来。其主要应用包括天气预报、卫星发射、弹道轨迹计算、核能开发利用等。

## 二、信息管理领域

信息管理是指利用计算机对大量数据进行采集、分类、加工、存储、检索和统计等。从20世纪60年代中期开始，计算机在数据处理方面的应用得到了迅猛发展。其主要应用包括企业管理、物资管理、财务管理、人事管理等。

## 三、自动控制领域

自动控制是指由计算机控制各种自动装置、自动仪表、自动加工设备的工作过程。根据应用又可分为实时控制和过程控制。其主要应用包括工业生产过程中的自动化控制、卫星飞行方向控制等。

## 四、计算机辅助系统领域

常用的计算机辅助系统介绍如下：

（1）CAD（Computer Aided Design），即计算机辅助设计。广泛用于电路设计、机械零部件设计、建筑工程设计和服装设计等。

（2）CAM（Computer Aided Manufacture），即计算机辅助制造。广泛用于利用计算机技术通过专门的数字控制机床和其他数字设备，自动完成产品的加工、装配、检测和包装等制造过程。

（3）CAI（Computer Aided Instruction），即计算机辅助教学。广泛用于利用计算机技术，包括多媒体技术或其他设备辅助教学过程。

（4）其他计算机辅助系统，如CAT（Computer Aided Test）计算机辅助测试、CASE（Computer Aided Software Engineering）计算机辅助软件工程等。

（5）人工智能领域

人工智能（Artificial Intelligence，AI）是利用计算机模拟人类的某些智能行为，比如感知、学习、理解等。其研究领域包括模式识别、自然语言处理、模糊处理、神经网络、机器人等。

（6）电子商务领域

电子商务（Electronic Commerce，EC）是指通过使用互联网等电子工具（这些工具包括电报、电话、广播、电视、传真、计算机、计算机网络、移动通信等）在全球范围内进行的商务贸易活动。人们不再面对面地看着实物，靠纸等单据或者现金进行买卖交易，而是通过网络浏览商品、完善的物流配送系统和方便安全的网络在线支付系统进行交易。

与形式化问题及其解决方案相关的思维过程，其解决问题的表示形式应该能有效地被信息处理代理执行。

（1）利用计算思维解决问题的一般过程

国际教育技术协会（ISTE）和计算机科学教师协会（CSTA）于2011年给计算思维做了一个可操作性的定义，即计算思维是一个问题解决的过程，该过程包括以下特点：

①制订问题，并能够利用计算机和其他工具来帮助解决该问题。

②要符合逻辑地组织和分析数据。

③通过抽象（如模型、仿真等），再现数据。

④通过算法思想（一系列有序的步骤），支持自动化的解决方案。

# 第二章 计算机专业教学现状

通过教学改革与研究，树立先进的人才培养理念，构建具有鲜明特色的学科专业体系和灵活的人才培养模式，才能造就适合当地经济建设和社会发展的，适用面广、实用性强的专业人才。

## 第一节 当前计算机专业人才培养现状

### 一、专业定位和人才培养目标不明确

国内重点大学和知名院校的专业培养强调重基础、宽口径，偏重于研究生教育。而职业院校由于生源质量、任课教师水平等诸多因素的影响，要达到重点院校的人才培养目标确实勉为其难。职业院校的生源大部分来自农村和中小城市，地域和基础教育水平的差异，使得他们视野不够开阔，知识面不够宽，许多与实践能力培养相关的课程与环节在片面追求升学率的情况下被放弃。这些学生上大学，怀抱“知识改变命运”的个人目标，对于来自农村的生源来说是无可厚非的，然而一进入大学之门，就被学校引导进入以考取研究生或掌握一技之长为目的的学习之中，重蹈中学应试学习之路，过于迫切的愿望，导致他们把学习的考试成绩看得特别重，忽视了实践能力的运用。加上职业院校的学术氛围、学习风气的影响，教学效果一般难与重点院校相提并论，所以培养出来的学生基本理论、动手能力、综合素质普遍与重点大学和社会对人才的需要有一定的差距。专业定位和培养目标的偏差，造成部分职业院校计算机专业没有形成自己的专业特色，培养出来的学生操作能力和工程实践能力相对较弱，缺乏社会的竞争力。

## 二、培养方案和课程体系不能因地制宜

计算机专业的培养方案和课程体系，除了学习和借鉴一些名牌大学、重点大学之外，有些是对原有计算机科学与技术专业的培养计划和课程体系进行修改。无论何种方式，由于受传统的理科研究性的教学思想的影响，都是从研究软件技术的视角出发制定培养方案和设计课程体系的。这些课程体系不是以工程化、职业化为导向，而是偏重理论教育，特别是与软件过程相关的技能与工程实训很少，甚至根本没有。按照这样的培养方案和课程体系，一方面软件工程专业实训内容难以细化，重理论轻实践，虽然实验开出率也很高，也增加了综合性、设计性的实验内容，但是学生只是机械地操作，不能提高学生自己动手、推理能力，从而造成了学生创新能力不足。另一方面，课程内容陈旧、知识更新落后，忽视针对性和热点技术，无法跟上发展迅速的业界软件技术，专业理论知识难度较大，学生很难完全掌握吸收，又学不到最新的专业技术，专业成才率较低。

生源质量、师资水平、地方经济发展程度的不同，要求高校培养人才要因地制宜，探索出真正体现职业院校计算机专业特色的培养计划和课程体系，培养出适合企业需要的软件工程技术人才。

## 三、实践教学体系建设不完善

计算机专业的集中实践教学环节的硬件条件，大多按照教育部评估的要求进行了配置，实践课程也按照计划进行了开设。但是很多都是照搬一般模式，有些虽然也安排学生到公司实习，但是对如何从实验教学、实训教学、“产、学、研”实践平台构建等环节进行实践教学体系的建设考虑还远远不够，更谈不上如何根据专业自身的生命周期和需要进行实践教学的安排。很多实践过程学生根本就没有深入地学习，只是做了一些简单的验证实验，没有深入分析问题、解决问题的过程。另外，学生实验、实践和实训都是以个人为单位，缺少团队合作精神和情商培养，学生以自我为中心，缺乏与人沟通的能力和技巧，难以适应现代IT企业注重团队合作的工作氛围。

## 四、缺少有项目实践经历的师资

职业院校计算机专业的师资力量相对于重点院校还是相当薄弱，相当一部分教师是从校门到校门，缺少项目实践经历，没有生产一线的工作经验。另外，学校与行业企业联系不够紧密，教师难以及时了解和掌握企业的最新技术发展和体验现实的职业岗位，致使专业实践能力明显不足，“双师”素质的教师在专任教师中所占比例较低。真正符合职业教师特点和要求的教师培训机会不多，很多教师

以理论教学为主导地位的教育观念没有改变，没有培养学生超强实践能力的意识，导致在教学过程中过分强调考试成绩，实践课程的学习成了附属品。没有好的师资很难培养出优秀的软件工程人才。

### 五、教学考核与管理方式存在问题

高校扩招后，职业院校普遍存在师资不足的问题，因此，理论课程和实践课程往往由同一名教师担任，合班课也非常普遍，为了简化考核工作，课程的考核往往就以理论考试为主，对于实践能力要求高的课程，也是通过笔试考核，60分成了学生是否达到培养目标、是否能毕业的一个铁定的指标。学习缺乏过程性评价和有效监控，业余时间多且无人管理，给学生的错觉是只要达到60分，只要能毕业，基本任务就完成了，能否解决实际问题已不重要。这些问题在学生毕业设计、毕业（论文）阶段也非常突出，但因为学生面临找工作以及毕业设计指导管理等问题，毕业设计阶段对学生工程实践能力的培养也有相当弱化的趋势。

## 第二节　计算机专业教育思想与教育理念

任何一项教育教学改革，必须在一定的教育思想和先进的教育理念的指导下进行，否则教学改革就成为无源之水，无本之木，难以深化持续开展。

### 一、杜威“做中学”教育思想的解读

约翰·杜威（John Dewey，1859—1952）是美国著名的哲学家、教育家和心理学家，其实用主义的教育思想，对20世纪东西方文化产生了巨大的影响。联合国教科文组织产学合作教席提出的工程教育改革的三个战略“做中学”、产学合作与国际化，其中的第一战略“做中学”便是杜威首先提出的学习方法。

“教育即生活”“教育即生长”“教育即经验的改造”是杜威教育理论中的3个核心命题，这3个命题紧密相连，从不同侧面揭示出杜威对教育基本问题的看法。以此为据，他对知与行的关系进行了论述，提出了举世闻名的“做中学（Learn-ing by doing）”原则。

#### （一）杜威教育思想提出的时代背景

19世纪后半期，经过“南北战争”后的美国正处在大规模的扩张和改造时期，随着工业化进程的加快，来自世界各国的大量移民涌入美国，促进了美国资本主义经济的迅速发展。但是大多数移民受教育程度不高，在美国经济中扮演的是廉价的农业或工矿业非熟练工的角色，一方面，资产阶级迫切需要大量的为他们创

造剩余价值而又驯服的、有较高文化程度的熟练工人；另一方面，在年轻的移民和移民后裔的心中也有着强烈的愿望——通过接受教育从而改变其窘迫的生活现状。此外，工业化和城市化进程在加快美国经济发展速度的同时，也引发了一系列的社会问题，如环境恶化、贫富差距加大、城市犯罪增多、公立教育低劣和频繁的经济危机等，由此产生的轰轰烈烈的农民运动和工人运动，对美国教育的改革提出了更为紧迫的要求。如何使学校教育适应工业化的进程，如何使移民及移民子女受到他们所需要的教育，按照美国的生活和思维方式来驯化他们，使之“美国化”并增强本土文化意识，成为当时美国社会人士特别是教育界人士必须面对和思考的一个重要问题。

19世纪中期的美国社会，在学校教育领域中占据统治地位的是赫尔巴特的教育思想。赫尔巴特认为，教学是激发兴趣，形成观念，传授知识，培养性格的过程，与此相适应，他提出了教学的4个阶段，即明了、联想、系统、方法。赫尔巴特教学的形式阶段，其致命弱点就是过于机械、流于形式，致使学校生活、课程内容和教学方法等方面极不适应社会发展的变化。

面对美国工业化进程引起的社会生活的一系列巨大变化，杜威进行了认真而深入的思索，主张学校的全部生活方式，从培养目标到课程内容和教学方法都需要进行改革。杜威在其《明日之学校》(School of Tomorrow）里强调：“我们的社会生活正在经历着一个彻底的和根本的变化。如果我们的教育对于生活必须具有任何意义的话，那么，它就必须经历一个相应的完全的变革……这个变革已经在进行……所有这一切，都不是偶然发生的，而是出于社会发展的各种需要。”以杜威为代表的实用主义教育思想的产生，是社会发展的必然趋势。

### （二）“做中学”提出的依据

从批判传统的学校教育出发，杜威提出了“做中学”这个基本原则，这是杜威教育思想重要组成部分。在杜威看来，“做中学”的提出有三方面的依据。

1.“做中学”是自然的发展进程中的开始

杜威在《民主主义与教育》(Democracy and Education）一书中指出，人类最初经验的获得都是通过直接经验获得的，自然的发展进程总是从包含着“做中学”的那些情境开始的，人们最初的知识和最牢固地保持的知识，是关于怎样做的知识。他认为人的成长分为不同的阶段，在第一阶段，学生的知识表现为聪明、才力，就是做事的能力，例如，怎样走路、怎样谈话、怎样读书、怎样写字、怎样溜冰、怎样骑自行车、怎样操纵机器、怎样运算、怎样赶马、怎样售货、怎样待人接物等。从“做中学”是人成长进步的开始，通过从“做中学”，儿童能在自身的活动中进行学习，因而开始他的自然的发展进程。而且，只有通过这种富有成效的和创造性的运用，才能获得和牢固地掌握有价值的知识。正是通过从“做中学”，学生得到了进一步成长和发展，获得了关于怎样做的知识。随着儿童的长大以及对身体和环境的控制能力的增加，儿童将在周围的生活中接触到更为复杂和广泛的方面。

2.“做中学”是学生天然欲望的表现

杜威强调说现代心理学已经指明了这样一个事实，即人的固有的本能是他学习的工具。一切本能都是通过身体表现出来的；所以抑制躯体活动的教育，就是抑制本能，因而也就是妨碍了自然的学习方法。与儿童认识发展的第一阶段特征相适应，学生生来就有天然探究的欲望，要做事，要工作。他认为一切有教育意义的活动，主要的动力在于学生本能的、由冲动引起的兴趣上，因为由这种本能支配的活动具有很强的主动性和动力性特征，学生在活动的过程中遇到困难会努力去克服，最终找到问题的解决方法。进步学校“在一定程度上把这一事实应用到教育中去，运用了学生的自然活动，也就是运用了自然发展的种种方法，作为培养判断力和正确思维能力的手段。这就是说，学生是从做中学的。”

3.“做中学”是学生的真正兴趣所在

杜威认为，学生需要一种足以引起活动的刺激，他们对有助于生长和发展的活动有着真正的浓厚的兴趣，而且会保持长久的注意倾向直到他将问题解决。对于儿童来说，重要的和最初的知识就是做事或工作的能力，因此，他对“做中学”就会产生一种真正的兴趣，并会用一切的力量和感情去从事使他感兴趣的活动。学生真正需要的就是自己去做，去探究。学生要从外界的各种束缚中解脱出来，这样他的注意力才能转向令他感兴趣的事情和活动。更为重要的是，如果是一些不能真正满足儿童生长和好奇心需要的活动，儿童就会感到不安和烦躁。因此，要使儿童在学校的时间内保持愉快和充实，就必须使他们有一些事情做，而不要整天静坐在课桌旁。“当儿童需要时，就该给他活动和伸展躯体的自由，并且从早到晚都能提供真正的练习机会。这样，当听其自然时，他就不会那么过于激动兴奋，以致急躁或无目的的喧哗吵闹。”

### （三）“做中学”的内涵

杜威认为在学校里，教学过程应该就是“做”的过程，教学应该从学生的现在生活经验出发，学生应该从自身活动中进行学习。从“做中学”实际上也就是从“活动中学”、从“经验中学”。把学校里知识的获得与生活过程中的活动联系起来，充分体现了学与做的结合，知与行的统一。从“做中学”是比从“听中学”更好的学习方法，在传统学校的教室里，一切都是有利于“静听”的，学生很少有活动的机会和地方，这样必然会阻碍学生的自然发展。

杜威的“做”或“活动”，最简单的可以理解为“动手”，学生身体上的许多器官，特别是双手，可以看作一种通过尝试和思维来学得其用法的工具。更深一层次的理解可以上升为是与周围环境的相互作用。杜威从关系存在的视角审视人的生存状态，指出生命活动最根本的特质就是人与环境的水乳交融、相互依存的整体样式。人与自然、人与环境之间存在着本然的联系，一种契合关系，这种相互融通的关系的存在，是生命得以展开的自然前提。生命展开的过程是生命与环境相互维系的过程，这个过程离不开生命的“做与经受（doing and undergoing）”，即经验。

传统认识论意义上的经验是指主体感受或感知等纯粹的心理性主观事件，而杜威的“经验”内涵远远超出了认识论的界限，包括了整个生活和历史进程。这是对传统认识论经验概念的根本改造，突破了传统认识论中经验概念的封闭性、被动性，具有主动性和创造性的内涵，向着环境和未来开放。在杜威看来，“做与经受”是生命与环境之间的互动过程，是经验的展开历程。”经验正如它的同义词生活和历史一样，既包括人们所从事与所承受的事，他们努力为之奋斗着的、爱着的、相信着与忍受着的东西，而且同时也是人们如何行为与被施与行为的，他们从事与承受、渴望与接受，观看、相信、想象着的方式——总之，它们也是经历着的历程。”这就是杜威所说的“做与经受”，一方面，它表示生命有机体的承受与忍耐，不得不经受某种事物的过程；另一方面，这种忍受与经受又不完全是被动的，它是一种主动的“面对”，是一种“做”，是一种“选择”，体现着经验本身所包含的主动与被动的双重结构。杜威还强调到，经验意味着生命活动，生命活动的展开置身于环境中，而且本身也是一种环境性的中介。何处有经验，何处便有生命存在；何处有生命，何处就保持有同环境之间的一种双重联系，经验乃是生命存在的基本方式。

经验，是生命在生存环境中的连续不断的探求，这种经验的过程、探求的过程是生命的自然样态，这个过程就是一种自然的学习过程——从“做中学”。“学习是一种生长方式”“学习的目的和报酬是继续不断生长的能力”，是习性的建立和改善的过程。

### （四）对杜威“做中学”的辨析

1.在“做中学”的活动中，学生的“做”并非是自发的、单纯的行动

“做中学”的基本点是强调教学需要从学生已有的经验出发，通过他们的亲身体验，领会书本知识，通过“做”的活动，培养手脑并用的能力。其中的“做”是沟通直接经验与间接经验的一种手段，是一种面对，一种选择，学生的“做”并非是盲目的。杜威指出：“教育上的问题在于怎样抓住儿童活动并予以指导，通

过指导，通过有组织的使用，它们必将达到有价值的结果，而不是散漫的或听任于单纯的冲动的表现。”在杜威领导的实验学校里，儿童们什么时候学习什么内容，都是经过周密的考虑、按计划进行的，儿童“做”的内容大体包括纺纱、织布、烹饪、金工、木工、园艺等，与此相平行的还有三个方面的智力活动即历史的或社会的研究、自然科学、思想交流，可见儿童并非单纯自发地做。

杜威强调儿童学习要从实践开始，并非要儿童学习每个问题时都事必躬亲，更未否定学习书本知识，不仅如此，他更重视把实践经验与书本知识联系起来。被称为一门学科的知识，是从属于日常生活经验范围的那些材料中得来的，教育不是一开始就教学生活经验范围以外的事实和真相。“在经验的范围内发现适合于学习的材料只是第一步，第二步是将已经经验到的东西逐步发展而更充实、更丰富、更有组织的形式，这是渐渐接近于提供给熟练的成人的那种教材的形式。”但是“没有必要坚持上述两个条件的第一个条件。”在杜威看来，如果儿童已经有了这类的经验，在教学中就不必再让他们从“做”开始，如果仍坚持这样做，就会“使人过分依赖感官的提示，丧失活动能力”。

2.“做中学”并非是只注重直接经验，不重视学习间接经验

杜威强调教学要从学生的经验开始，学习必须有自身的体会，但杜威并不忽视间接经验的作用，他对传统教育的批判不是反对传统教育本身，而是传统教育那种直接以系统的、分化的知识作为整个教育与课程的出发点的不当做法。杜威认为，系统知识既是经验改造的一个重要条件，又是经验改造所要达到的一个结果。无论如何，个人都应利用别人的间接经验，这样才能弥补个人经验的狭隘性和局限性。他说：“没有一个人能把一个收藏丰富的博物馆带在身边，因此，无论如何，一个人应能利用别人的经验，以弥补个人直接经验的狭隘性。这是教育的必要组成部分。可见，杜威认为间接经验的学习是十分重要的，是知识获得的重要源泉。他要求教材必须与学生的活动、经验相联系，并让学生通过“做”的活动领会教科书中的知识。所以，教材的编写要能反映出世界最优秀的文化知识，同时又能联系儿童生活，被儿童乐于接受。并且，还应提供给学生作为“学校资源”和“扩充经验的界限的工具”的资料性的读物，这样的读物是引导儿童的心灵从疑难通往发现的桥梁。

同时，杜威还认为在“做中学”的过程，除了有感性的知觉经验之外，也有抽象的思维过程。他认为“经验不加以思考是不可能的事。有意义的经验都是含有思考的某种要素”。“在经验中理论才有亲切地与可以证实的意义”，说明他的“经验”中包括理性的成分。

3.“做中学”并不否定教师的主导作用

杜威教育思想的一个非常重要的特点就是，教育的一切措施要从儿童的实际

出发，做到因材施教，以调动儿童学习的积极性和主动性，即“儿童中心论”。以儿童为中心就是要求教育方面的“一切措施”——教学内容的安排、方法的选用、教学的组织形式、作业的分量等，都要考虑到儿童的年龄特点、个性差异、他们的能力、兴趣和需要，要围绕儿童的这些特点去组织，去安排。而这个“一切措施”的组织安排，主角便是教师。可见，杜威对传统教育那种“以教师为中心”的批评，并不摒弃教师指导作用的地位。在教学过程中，如何发挥教师和学生的积极性问题上，杜威坚持辩证的观点，他认为教师“应该是一个社会集团（儿童与青年的集团）的领导者，他的领导不以地位，而以他的渊博知识和成熟的经验。若说儿童享有自由之后，教师便应退处无权，那是愚笨的话。”有些学校里，不让教师决定儿童的工作或安排适当的环境，以为这是独断强制。不由教师决定，而由儿童决定，不过以儿童的偶然接触，代替教师智慧的计划而已。教师有权为教师，正是因为他最懂得儿童的需要与可能，从而能够计划他们的工作。在杜威实验的进步学校里，儿童需要得到教师更多的指导，教师的作用不是减弱了，而是更重要了。教师是教学过程的组织者，发挥教师的主导作用与“以儿童为中心”并不矛盾。

## 二、构思、设计、实现、运作教育理念

为了应对经济全球化形势下产业发展对创新人才的需求，“做中学”成为教育改革的战略之一。作为“做中学”战略下的一种工程教育模式，构思、设计、实现、运作教育理念自2010年起，在以MIT（麻省理工学院）为首的几十所大学操作实施以来，迄今已取得显著成效，深受学生欢迎，得到产业界高度评价。构思、设计、实现、运作教育理念对我国高等教育改革产生了深远的影响。

### （一）构思、设计、实现、运作教育理念

构思、设计、实现、运作教育理念是基于工程项目全过程的学习，是对以课堂讲课为主的教学模式的革命。构思、设计、实现、运作教育理念代表构思（Conceive）、设计（Design）、实现（Implement）和运作（Operate）。它是“做中学”原则和“基于项目的教育和学习（Project Based Education and Learning）”的集中体现，它以产品研发到产品运行的生命周期为载体，让学生以主动的、实践的、课程之间具有有机联系的方式学习和获取工程能力。其中，构思包括顾客需求分析，技术、企业战略和规章制度设计，发展理念，技术程序和商业计划制订；设计主要包括工程计划、图纸设计以及实施方案设计等；实施特指将设计方案转化为产品的过程，包括制造、解码、测试以及设计方案的确认；运行则主要是通过投入实施的产品对前期程序进行评估的过程，包括对系统的修订、改进和淘

汰等。

构思、设计、实现、运作教育理念是在全球工程人才短缺和工程教育质量问题的时代背景下产生的。从1986年开始，美国国家科学基金会（NSF）逐年加大对工程教育研究的资助；美国国家研究委员会（NRC）、国家工程院（NAE）和美国工程教育学会（ASEE）纷纷展开调查和制定战略计划，积极推进工程教育改革；1993年欧洲国家工程联合会启动了名为EUR-ACE（Accreditation of European Engineering Programmes and Graduates）的计戈，旨在成立统一的欧洲工程教育认证体系，指导欧洲的工程教育改革，以加强欧洲的竞争力。欧洲工程教育的改革方向和侧重点与美国一样：在继续保持坚实科学基础的前提下，强调加强工程实践训练，加强各种能力的培养；在内容上强调综合与集成（自然科学与人文社会科学的结合，工程与经济管理的结合）。同时，针对工科教育生源严重不足问题，美欧各国纷纷采取措施，从中小学开始，提升整个社会对工程教育的重视。正是在此背景下，MIT以美国工程院院士Ed. Crawley教授为首的团队和瑞典皇家工学院等3所大学从2000年起组成跨国研究组合，获Knutand Alice Wallenberg基金会近1600万美元巨额资助，经过4年探索创立构思、设计、实现、运作教育理念并成立CDIO国际合作组织。

在构思、设计、实现、运作教育理念国际合作组织的推动下，越来越多的高校开始引入并实施CDIO工程教育模式，并取得了很好的效果。在我国，清华大学和汕头大学的实践证明，“做中学”的教学原则和CDIO工程教育理念同样适合国内的工程教育，这样培养出来的学生，理论知识与动手实践能力兼备，团队工作和人际沟通能力得到提高，尤其受到社会和企业的欢迎。CDIO工程教育模式符合工程人才培养的规律，代表了先进的教育方法。

### （二）对构思、设计、实现、运作教育理念的解读与思考

构思、设计、实现、运作教育理念的概念性描述虽然比较完整地概括了其基本内容，但是还是比较抽象、笼统。其实，最能反映CDIO特点的是其大纲和标准。构思、设计、实现、运作教育理念模式的一个标志性成果就是课程大纲和标准的出台，这是CDIO工程教育的指导性文件，详细规定了CDIO工程教育模式的目标、内容以及具体操作程序。因此，要深刻领会CDIO的理念，在实践中创造性地加以运用，最好的办法就是对CDIO的大纲和标准进行解读和深入地思考。

1.构思、设计、实现、运作教育理念大纲的目标

构思、设计、实现、运作教育理念课程大纲的主要目标是“建构一套能够被校友、工业界以及学术界普遍认可的，未来年轻一代工程师必备的知识、经验和价值观体系。”提出系统的能力培养、全面的实施指导、完整的实施过程和严格的

结果检验的12条标准。大纲的意愿是让工程师成为可以带领团队，成功地进行工程系统的概念、设计、执行和运作的人，旨在创造一种新的整合性教育。该课程大纲对现代工程师必备的个体知识、人际交往能力和系统建构能力做出的详细规定，不仅可以作为新建工程类高校的办学标准，而且还能作为工程技术认证委员会的认证标准。

2.构思、设计、实现、运作教育理念大纲的内容

构思、设计、实现、运作教育理念大纲的内容可以概述为培养工程师的工程，明确了高等工程教育的培养目标是未来的工程人才“应该为人类生活的美好而制造出更多方便于大众的产品和系统。”在对人才培养目标综合分析的基础上，结合当前工程学所涉及的知识、技能及发展前景，CDIO大纲将工程毕业生的能力分为技术知识与推理能力、个人能力与职业能力和态度、人际交往能力、团队工作和交流能力。在企业和社会环境下构思-设计-实现-运行系统方面的能力（4个层面），涵盖了现代工程师应具有的科学和技术知识、能力和素质。大纲要求以综合的培养方式使学生在这4个层面达到预定目标。构思、设计、实现、运作教育理念大纲为课程体系和课程内容设计提供了具体要求。

为提高可操作性，构思、设计、实现、运作教育理念大纲对这4个层次的能力目标进行了细化，分别建立了相应的2级指标和3级指标。其中，个人能力、职业能力和态度是成熟工程师必备的核心素质，其2级指标包括工程推理与解决问题的能力（又包括发现和表述问题的能力、建模、估计与定性分析能力等5个3级指标）、实验和发现知识的能力、系统思维的能力、个人能力和态度、职业能力和态度等。同时，现代工程系统越来越依赖多学科背景知识的支撑，因此，学生还必须掌握相关学科的知识、核心工程基础知识、高级工程基础知识，并具备严谨的推理能力；为了能够在以团队合作为基础的环境中工作，学生还必须掌握必要的人际交往技巧，并具备良好的沟通能力；最后，为了能够真正做到创建和运行产品/系统，学生还必须具备在企业和社会两个层面进行构思、设计、实施和运行产品/系统的能力。

构思、设计、实现、运作教育理念课程大纲实现了理论层面的知识体系、实践层面的能力体系和人际交往技能体系3种能力结构的有机结合。为工程教育提供了一个普遍适用的人才培养目标基准，同时它又是一个开放的、不断自我完善的系统，各个院校可根据自身的实际情况对大纲进行调整，以适合社会对人才培养的各方面需求。

3.构思、设计、实现、运作教育理念标准解读

构思、设计、实现、运作教育理念的12条标准是一个对实施教育模式的指引和评价系统，用来描述满足CDIO要求的专业培养。它包括工程教育的背景环境、

课程计划的设计与实施、学生的学习经验和能力、教师的工程实践能力、学习方法、实验条件以及评价标准。在这12条标准中，标准1，2，3，5，7，9，11这7项在方法论上区别于其他教育改革计划，显得最为重要，另5项反映了工程教育的最佳实践，是补充标准，丰富了CDIO的培养内容。

标准1：背景环境。

构思、设计、实现、运作教育理念是基于CDIO的基本原理，即产品、过程和系统的生命周期的开发与实现是适合工程教育的背景环境。因为它是一个可以将技术知识和其他能力的教、练、学融为一体的文化架构或环境。构思-设计-实现-运行是整个产品、过程和系统生命周期的一个模型。

标准1作为构思、设计、实现、运作教育理念的方法论非常重要，强调的是载体及环境和知识与能力培养之间的关联，而不是具体的内容，对于这一关联原则的理解正确与否关系到实施CDIO的成败。构思、设计、实现、运作教育理念模式当然要通过具体的工程项目来学习和实践，但得到的结果应当是从具体工程实践中抽象出来的能力和方法：不论选取什么样的工程实践项目开展CDIO教学，其结果都应当是一样的，最终都是一般方法的获得和通用能力的提高，而不是局限于该项目所涉及的具体知识。这就是“做中学”的通识性本质。也就是说，工程实践的重点在于获得通

用能力和工程素质的提高，而不是某一工程领域和项目中所涉及的具体知识。通识教育的关键是要培养学生的各种能力，也就是要培养学生获得学习、应用和创新的能力，而不仅仅是传统意义上的基础学科理论及相关知识。工程教育要培养符合产业需要的具有通用能力和全面素质的工程人才，其教学必须面向和结合工程实践，能力的培养目标只有通过产学合作教育的机制和“做中学”的方法才能真正实现。

标准2：学习效果。

学习效果就是学生经过培养后所获得的知识、能力和态度。构思、设计、实现、运作教育理念教学大纲中的学习效果，详细规定了学生毕业时应学到的知识和应具备的能力。除了技术学科知识的要求之外，也详列了个人、人际能力，以及产品、过程和系统建造能力的要求。其中，个人能力的要求侧重于学生个人的认知和情感发展；人际交往能力侧重于个人与群体的互动，如团队工作、领导能力及沟通。产品、过程和系统建造能力则考察在企业、商业和社会环境下的关于产品、过程和工程系统的构思、设计、实现与运行、设置具体的学习效果有助于确保学生取得未来发展的基础，学习效果的内容和熟练程度要通过主要利益相关者和组织的审查和认定。因此，构思、设计、实现、运作教育理念从产业的需求出发，在教学大纲的设计与培养目标的确定上，应与产业对学生素质和能力的要

求逐项挂钩，否则教学大纲的设计将脱离产业界的需要，无法保障学生可获得应有的知识、技能和能力。

标准3：一体化课程计划。

标准3要求建立和发展课程之间的关联，使专业目标得到多门课程的共同支持。这个课程计划，不仅让学生学到相互支持的各种学科知识，而且还应能在学习的过程中同时获取个人、人际交往能力，以及产品、过程和系统建造的能力(标准2)。以往各门课程都是按学科内容各自独立，彼此很少关联，这并不符合CDIO一体化课程的标准，按照工程项目全生命周期的要求组织教、学、做，就必须突出课程之间的关联性，围绕专业目标进行系统设计，当各学科内容和学习效果之间有明确的关联时，就可以认为学科间是相互支持的。一体化课程的设置要求，必须打破教师之间、课程之间的壁垒，改变传统各自为政的做法，在一体化课程计划的设计上发挥积极作用，在各自的学科领域内建立本学科同其他学科的联系，并给学生创造获取具体能力的机会。

标准4：工程导论。

导论课程通常是最早的必修课程中的一门课程，它为学生提供产品、过程和系统建造中工程实践所需的框架，并且引出必要的个人和人际交往能力，大致勾勒出一个工程师的任务和职责以及如何应用学科知识来完成这些任务。导论课程的目的是通过相关核心工程学科的应用来激发学生的兴趣，学习动机，为学生实现构思、设计、实现、运作教育理念教学大纲要求的主要能力发展提供一个较早的起步。

标准5：设计实现的经验。

设计实现的经验是指以新产品和系统的开发为中心的一系列工程活动。设计实现的经验按规模、复杂度和培养顺序，可分为初级和高级两个层次，其结构和顺序是经过精心设计的，以构思-设计-实现-运作为主线，规模、复杂度逐步递增，这些都有要成为课程的一部分。因而，与课外科技活动不同，这一系列的工程活动要求每个学生都要参加，而不像是兴趣小组以自愿为原则。认识到这样的高度，实训环节的安排便有据可查，不是可有可无、可参加可不参加了。通过设计的项目实训，能够强化学生对产品、过程和系统开发的了解，更深入地理解学科知识。

当然，实践的项目最好来自产业第一线，因为来自一线的项目，包含有更多的实际信息，如管理、市场、顾客沟通和服务、成本、融资、团队合作等，是企业真正需要解决的问题，可以让学生在知识和能力得到提高的同时，技术之外的素质也得到提升。校企合作实施构思、设计、实现、运作教育理念、教学模式，必须开发和利用足够多的项目，才能保证大量学生的学习和训练。因此，除了

"真刀真枪"的实战项目外，也可以采用一些企业做过的项目、学生自选的有意义的项目、有社会和市场价值的项目或其他来源的项目来设计一系列的工程活动，让学生在"做中学"。

标准6：工程实践场所。

工程实践场所即学习环境，包括学习空间，如教室、演讲厅、研讨室、实践和实验场所等，这里提出的是学习环境设计的一个标准，要求能够做到支持和鼓励学生通过动手学习产品、过程和系统的建造能力，学习学科知识和社会学习。也就是说，在实践场所和实验室内，学生不仅可以自己动手学习，也可以相互学习、进行团队协作。新的实践场所的创建或现有实验室的改造，应该以满足这一首要功能为目标，场所的大小取决于专业规模和学校资源。

标准7：一体化学习经验——集成化的教学过程。

标准2和标准3分别描述了课程计划和学习效果，这些必须有一套充分利用学生学习时间的教学方法才能实现。一体化学习经验就是这样一种教学方法，旨在通过集成化的教学过程，培养学科知识学习的同时，培养个人、人际交往能力，以及产品、过程和系统建造的能力。这种教学方法要求把工程实践问题和学科问题相结合，而不是像传统做法那样，把两者断然分开或者没进行实质性的关联。例如，在同一个项目中，应该把产品的分析、设计，以及设计者的社会责任融入练习中同时进行。

这种教学方法要在规定的时间内达到双重的培养目标：获得知识和培养能力。更进一步的要求是教师既能传授专业知识，又能传授个人的工程经验，培养学生的工程素质、团队工作能力、建造产品和系统的能力，使学生将教师作为职业工程师的榜样。这种教学方法，可以更有效地帮助学生把学科知识应用到工程实践中去，为达到职业工程师的要求做好更充分的准备。

集成化的教学标准要求知识的传递和能力的培养都要在教学实践中体现，在有限的学制时间内，这就需要处理好知识量和工程能力之间的关系。"做中学"战略下的构思、设计、实现、运作教育理念模式，以"项目"为主线来组织课程，以"用"导"学"，在集成化的教学过程中，突出项目训练的完整性，在做项目的过程中学习必要的知识，知识以必须、够用为度，强调自学能力的培养和应用所学知识解决问题的能力。

标准8：主动学习。

基于主动经验学习方法的教与学。主动学习方法就是让学生致力于对问题的思考和解决，教学上重点不在被动信息的传递上，而是让学生更多地从事操作、运用、分析和判断概念。例如，在一些讲授为主的课程里，主动学习可包括合作和小组讨论、讲解、辩论、概念提问以及学习反馈等。当学生模仿工程实践进行如设计、实现、仿真、案例研究时，即可看作是经验学习。当学生被要求对新概念进行思考并必须做出明确回答时，教师可以帮助学生理解一些重要概念的关联，让他们认识到该学什么，如何学，并能灵活地将这个知识应用到其他条件下。这个过程有助于提升学生的学习能力，并养成终身学习的习惯。

标准9：提高教师的工程实践能力。

这一标准提出，一个构思、设计、实现、运作教育理念专业应该采取专门的措施，提高教师的个人、人际交往能力，以及产品、过程和系统建造的能力，并且最好是在工程实践背景下提高这种能力。教师要成为学生心目中职业工程师的榜样，就应该具备如标准3，4，5，7所列出的能力。我们师资最大的不足是很多教师专业知识扎实，科研能力也很强，但实际工程经验和商业应用经验都很缺乏。当今技术创新的快速步伐，需要教师不断提高和更新自己的工程知识和能力，这样才能够为学生提供更多的案例，更好地指导学生的学习与实践。

提高教师的工程实践能力，可以通过如下几个途径：①利用学术假期到公司挂职；②校企合作，开展科研和教学项目合作；③把工程经验作为聘用和提升教师的条件；④在学校引入适当的专业开发活动。

教师工程能力的达标与否是实施构思、设计、实现、运作教育理念成败的关键，解决师资工程能力最为有效的途径是“走出去，请进来”校企合作模式，一方面，高校教师要到企业去接受工程训练、取得实际的工作经验；另一方面，学校要聘请有丰富工程背景经验的工程师兼职任教，使学生真正接触到当代工程师的榜样，获得真实的工程经验和能力。

标准10：提高教师的教学能力。

这一标准提出，大学要有相应的教师进修计划和服务，采取行动，支持教师在综合性学习经验（标准7）、主动和经验学习方法（标准8）以及考核学生学习（标准11）等方面的自身能力得到提高。既然构思、设计、实现、运作教育理念专业强调教学、学习和考核的重要性，就是必须提供足够的资源使教师在这些方面得到发展，如支持教师参与校内外师资交流计划，构建教师间交流实践经验的平台，强调效果评估和引进有效的教学方法等。

标准11：学习考核——对能力的评价。

学生学习考核是对每个学生取得的具体学习成果进行度量。学习成果包括学科知识，个人、人际交往能力，产品、过程和系统建造能力等方面（标准2）。这一标准要求，构思、设计、实现、运作教育理念的评价侧重于对能力培养的考查。考核方法多种多样，包括笔试和口试，观察学生表现，评定量表，学生的总结回顾、日记、作业卷案、互评和自评等。针对不同的学习效果，要配合相适应的考核方法，才能保证能力评价过程的合理性和有效性。例如，与学科专业知识相关的学习效果评价可以通过笔试和口试来进行；与设计-实现相关的能力的学习效果评价则最好通过实际观察记录来考察更为合适。采用多种考核方法以适合更广泛的学习风格，并增加考核数据的可考性和有效性，对学生学习效果的判定具有更高的可信度。

另外，除了考核方法要求是多样之外，评价者也应是多方面的，不仅仅要来自学校教师和学生群体，也要来自产业界，因为学生的实践项目多从产业界获得，对学生实践能力的产业经验的评价，产业工程师拥有最大的发言权。

构思、设计、实现、运作教育理念模式是能力本位的培养模式，本质上有别于知识本位的培养模式，其着重点在于帮助学生获得产业界所需要的各种能力和素质。因此，如果仍然沿用知识本位的评价方法和准则的话，基于构思、设计、实现、运作教育理念人才培养的教学改革就难免受到一些人的抨击，难以持续开展下去。因此，对各种能力和素质要给予客观准确的衡量，必须要有新的评价标准和方法，改变观念以适应构思、设计、实现、运作教育理念这种新的教育模式。

标准12：专业评估。

专业评估是对构思、设计、实现、运作教育理念的实施进展和是否达到既定目标的一个总体判断，对照以上12条标准评估专业，并与继续改进为目的，向学生、教师和其他利益相关者提供反馈。专业总体评估的依据可通过收集课程评估、教师总结、新生和毕业生访谈、外部评审报告、对毕业生和雇主的跟进研究等，评估的过程也是信息反馈的过程，是持续改善计划的基础。

构思、设计、实现、运作教育理念的培养目标是符合国际标准的工程师，除了具备基本的专业素质和能力之外，还应具有国际视野，了解多元文化并有良好的沟通能力，能在不同地域与不同文化背景的同事共事，因此，联合国教科文组织产学合作教席提出了“做中学”、产学合作、国际化3个工程教育改革的战略，构思、设计、实现、运作教育理念作为“做中学”战略下的一种新的教育模式，很好地融汇了这3个战略的思想，虽然还有大量的理论和实践问题需要研究发展，但是在工程教育改革中已经显示出了强大的生命力。

## 第三节 计算机专业教学改革与研究的方向

当前高校计算机人才的培养目标、培养模式、课程体系、教学方法、评价方式等都无法适应业界的实际需求，专业教学改革势在必行。通过深入学习和领会杜威的“做中学”教育思想和构思、设计、实现、运作教育理念的先进做法，借鉴国际、国内兄弟院校的教学改革实践经验，结合自身实际情况，我们确定了以下几个教学改革与研究的方向。

## 一、适应市场需求，调整专业定位和培养目标

构思、设计、实现、运作教育理念的课程大纲与标准，对现代计算机人才必备的个体知识、人际交往能力和系统建构能力做出了详细规定，为计算机专业教育提供了一个普遍适用的人才培养目标基准，需要强调的是，这只是一个普遍的标准，是最基本的能力和素质要求。构思、设计、实现、运作教育理念模式是一个开放的系统，其本身就是通过不断的实证研究和实践探索总结出来的，并非一成不变。众所周知，MIT等世界一流名校，他们的构思、设计、实现、运作教育理念模式是培养世界顶尖的工程人才，国内如清华大学等高校的CDIO模式改革也同样是针对顶尖工程人才培养的，是精英化的工程人才培养。社会需求是多样化的，需要精英化的工程人才，也需要大众化的工程人才。职业院校应根据社会多样化的需求，结合本地的经济发展情况、学校自身的办学条件、生源特点，明确自己的专业定位和培养目标，只有专业定位和培养目标准确了，后面的教育教学改革才不会偏离方向，才能取得成效。

某科技大学地处经济欠发达的西部地区，学校所在地虽然经济总量位于全区前茅，但与东部沿海发达地区的差距还是很大，IT及相关产业的发展相对缓慢，起步低、规模小，企业对软件人才的要求更为现实，希望能招之即来，来之就能独当一面的高综合素质人才。一些职业院校的生源由于受教育条件和环境的限制，使得他们的视野和知识面相对都不够开阔，对行业领域不大了解，更缺少对专业学习的规划和认识，学什么、怎样学、将成为什么样的一个人、毕业后能去哪里、能做什么等更需要专业的引导与明示。

计算机软件产业的蓬勃发展，无疑需要大量的相关从业人员，产业的竞争对人才的能力和素质提出了更高的要求。据麦可思中国大学生就业课题研究内容显示，软件工程专业近几年的平均薪酬水平都位于前茅。东部和沿海地区对毕业生的人才吸引力指数为67.3%，约两倍于中西部地区的人才吸引力指数32.3%，所以就业流向大部分是东部和沿海地区，中西部地区吸引和保留人才的能力都较弱，属于人才净流出地区。

针对行业发展对人才能力素质的需求，结合本地经济发展状况和学校办学条件，经过深入研究和探讨，我们确定了职业院校计算机专业的办学定位：立足本省、面向全国，培养在生产一线从事计算机系统的设计、开发、运用、检测、技术指导、经营管理的工程技术应用型人才。麦可思的调查显示，大学毕业生对就学地有着较高的就业偏好。因此我们立足于本省，服务于地方经济，同时向全国，特别是长三角、珠三角地区输送软件工程技术人才。

对照构思、设计、实现、运作教育理念的能力层次和指标体系，我们提炼出

职业院校计算机专业的培养目标：培养具有良好的科学技术与工程素养，系统地掌握软件工程的基本理论、专业知识和基本技能与方法，受到严格的软件开发训练，能在软件工程及相关领域从事软件设计、产品开发和管理的高素质专门人才。

经过3年的学习培养，学生应该具有通识博雅的人格素质和终身多元的学习精神，具备务实致用的专业能力和开拓创新的竞争力，能成为适应产业需求的建设人才。随着高新技术的不断涌现，应用型技术人才培养目标必须通过市场调研，不断进行更新和调整，但万变不离其宗——能力和素质的提高。

## 二、修订专业培养计划，改革课程设置，更新教学内容

专业培养计划是人才培养的总体设计和实施蓝图，它根据人才培养目标和培养规格，制订了明确的知识结构和能力要求，设置了专业要求的课程体系，是专业教育改革的核心问题，对提高教育质量，培养合格人才有着举足轻重的作用。

近年来，软件工程的飞速发展，使软件工程理论和技术不断更新，高校培养计划和课程体系不能适应这种变化的矛盾日益突出，因而高校人才培养方案的制定和调整必须把业界对人才培养的需求作为重要的依据，分析研究市场对软件人才的层次结构、就业去向、能力与素质等方面的具体要求，以及全球化和市场化所导致的人才需求走向等，以能力要求为出发点，以“必须、够用为度”，并兼顾一定的发展潜能，合理确定知识结构，面向学科发展，面向市场需求、面向社会实践修订专业培养计划。

课程设置必须跟上时代步伐，教学内容要能反映出软件开发技术的现状和未来发展的方向。职业院校计算机专业的课程设置，重基础和理论，学科知识面面俱到，不能体现出应用型技术人才培养的特点。因此，作为相关的专业教师，必须及时了解最新的技术发展动态，把握企业的实际需求，汲取新的知识，做到该开设什么课程、不应开设什么课程心中有数，对教材的选用应以学用结合为着眼点，根据实际需要选择。对于原培养计划中不再适应业界发展要求的课程要坚决排除，对于一些新思维、新技术、新运用的内容，要联合业界，加大课程开发，不断地更新完善课程体系。

在构思、设计、实现、运作教育理念理论框架下完善职业院校计算机专业培养计划的内容，合理分配基础科学知识、核心工程基础知识和高级工程基础知识的比重，设计出每门课程的具体可操作的项目，以培养学生的各种能力并非易事，正如标准一体化的课程计划的规定，不仅让学生学到相互支持的各种学科知识，而且还应能在学习的过程中同时获取个人、人际交往能力，以及产品、过程和系统建造的能力。对培养计划和课程设置，必须深入地研究和探讨。

需要注意的是，在强调工程能力重要性的同时，构思、设计、实现、运作教

育理念并不忽视知识的基础性和深度要求。构思、设计、实现、运作教育理念课程大纲所列的培养目标既包括专业基础理论，也包括实践操作能力；既包括个体知识、经验和价值观体系，也包括团队合作意识与沟通能力，体现出典型的通识教育价值理念。此外，应用型技术人才还应当有广泛的国际视野。通识教育是学生职业生涯发展后劲的基础，专业教育是学生职场竞争力的根本保证。

## 三、改进教学方法，创建“主导–主体”的教学模式

传统的课堂教学，以教师为中心，以教材讲授为主，学生被动接受知识，抹杀了学生学习的自主性和创造性。基于对杜威“做中学”教育思想的理解，传统的教学方法必须改变，师生关系必须重构建。

在“做中学”教育思想指导下的构思、设计、实现、运作教育理念模式，强调的是教学应该从学生的现有生活经验出发，从自身活动中进行学习，教学过程应该就是“做”的过程。教育的一切措施要以学生从学生的实际出发，做到因材施教，以调动学生学习的积极性和主动性，即“以学为中心”。

构思、设计、实现、运作教育理念是基于工程项目全过程的学习，这个全过程要围绕学生的学展开，为学生创建主动学习的情境，促进主动学习的产生。在发挥学生主动性的同时，“做中学”并非否定教师的指导作用。相对传统课堂，师生关系、课堂民主都要发生重大的变化。

以学生为中心的“做中学”，是学生天然欲望的表现和真正兴趣所在，符合个体认知发展的规律，有利于构建和谐民主的师生关系，更能促进学习的发生。如何把这种教育理念转换为教育实践，关键是对两个问题的理解，一是如何诠释“以学生为中心”，二是何谓“教学民主”。

以学生为中心，不能笼统提及、泛泛而谈，这样不利于深入认识，也不利于实际操作，需要进一步明确以学生的什么为中心？杜威的以学生为中心，具体地讲是以学生的需要，特别是根本需要为中心，对大学生来说，他们的根本需要在于增进知识，提高能力和素质。以学生的根本需要为中心，那么“中心”二字又如何理解？从传统的以教师为中心到以学生为中心，高等教育的思想观念发生了重大变化，但是这个“中心”概念的转换常常引发一些操作上的误区。教学过程从教师一统天下，变为一盘散沙，“做中学”又饱受一些人的诟病，实际上，这是对杜威教育思想认识不到位的缘故。“中心”关系的确立，是教学过程中师生关系的重新确定，涉及另外一个概念——教学民主。

表面上看，教学民主无非是师生平等，是政治民主的教学化。然而，教学民主的真正核心在于学术民主，而不是教学过程中师生之间的社会学含义的民主，民主在教学中的具体指向就是学术。师生之间在学术地位上存在天然的不平等，

因此在教学过程中的学术民主强调的是一种学术民主氛围的构建。

传统的课堂上，教师不仅是教学过程的控制者、教学活动的组织者、教学内容的制订者和学生学习成绩的评判者，而且是绝对的权威，这种师生关系形成不了教学民主的气氛。因此，教师要转变角色，从课堂的传授者转变为学习促进者，由课堂的管理者转变为学习的引导者，由居高临下的权威转向“平等中的首席”专家。这样一种教学民主氛围，有利于发挥教师的指导作用，又能充分发挥学生的主体作用。这就是“主导-主体”的教学模式。

## 四、改革教学实践模式，注重实践能力的培养

构思、设计、实现、运作教育理念的实践就是“做中学”，做“什么”才能让学生学到知识，获得能力的提升，这就需要改革教学实践模式，优化整合实践课程体系。

实践教学是整个教学体系中一个非常重要的环节，是理论知识向实践能力转换的重要桥梁。以往的实践课程体系，也认识到实践的重要性，但由于没有明确的改革指导思想，实践教学安排往往不能落实到位，大多数停留在验证性的层次上，与构思、设计、实现、运作教育理念的标准要求相差甚远。切实有效的实践教学体系，应根据构思、设计、实现、运作教育理念，将实验环节与计算机专业的整个生命周期紧密结合起来，参考构思、设计、实现、运作教育理念工程教育能力大纲的内容，以培养能力为主线，把各个实践教学环节，如实验、实习、实训、课程设计、毕业设计（论文）、大学生科技创新、社会实践等，通过合理的配置，以项目为载体，将实践教学的内容、目标、任务具体化。在实际操作的过程中，可将案例项目进行分解，按照通识教育、专业理论认知、专业操作技能和技术适应能力4个层次，由简单到复杂，由验证到应用，从单一到综合，由一般到提高，从提高到创新，循序渐进地安排实践教学内容，依次递进，3年不间断地进行。合理配置、优化整合实践教学体系是一个复杂的过程，并非易事，需要在实践中不断地探索，也是职业院校计算机专业教育教学改革的重点和难点。

## 五、转变考核方式，改革考试内容，建立新的评价体系

专业教育教学改革的宗旨是培养综合素质高、适应能力强的业界需求人才。构思、设计、实现、运作教育理念对能力结构的4个层次进行了细致的划分，涵盖了现代工程师应具有的科学和技术知识、能力和素质，所以主张不同的能力用不同的方式进行考核。针对不同类别的课程，结合构思、设计、实现、运作教育理念，设计考核与评价模型，建立多样化的考核方式，来实现对学生的自学能力、交流与沟通能力、解决问题能力、团队合作能力和创新能力等进行考核与评价。

这些考核方式和评价模型的科学性、合理性是专业教育教学改革需要深入研究的一个方向。

考试内容是学生学习的导向，不能让学生出现重理论、轻实践或重实践、轻理论的两极倾向。因此，在考试内容上，不仅要求考核课程的基本理论、基本知识、基本技能的掌握情况，还要考核学生发现问题、分析问题、解决问题的综合能力和综合素质；在考试形式上，可以采取多种多样的方式进行，一切以能全面衡量学生知识掌握和能力水平为基准，使学生个性、特长和潜能有更大的发挥余地。如采取作业、综合作业、闭卷等多种方式，除了有理论考试，也要有实践型的机试，还可以以学生提交的作品为考核依据，建立以创造性能力考核为主，常规测试和实际应用能力与专业技术测试相结合的评价体系，促进学生创新能力的发展。

考什么，如何考？作为学生专业学习的终端检测，从某种意义上讲比教什么内容更为重要，因此一定要把好考核质量关，不能让一些考核方式流于形式，影响学风建设。多年来，专业课教学大多数是由任课教师自己出题自己考核，内容和方式有比较大的随意性，教学效果的好坏自己评说，因而教学质量的高低很大程度上取决于教师的责任心。如何建立一套课程考核与评价的监督机制又是一个值得深入思考的问题。

## 第四节　计算机专业教学改革研究策略与措施

杜威的“做中学”教育思想，为计算机专业教育改革解决了一个方法论的问题，在这个方法论基础上的构思、设计、实现、运作教育理念，为计算机教育改革的目标、内容以及操作程序提供了切实可行的指导意见。在推进专业的教育教学改革研究过程中，我们解放思想，放下包袱，根据实际情况，制定和落实各项政策和措施，为专业取得改革成效提供了一个根本保障。基于构思、设计、实现、运作教育理念模式的职业院校计算机专业的教育教学改革研究，是我们对各项教学工作进行梳理、反思和改进的一个过程。

### 一、更新教育理念，坚定办学特色

任何改革的成功都是从理念革新开始的，人才培养模式的改革和实践是教育思想和教育观念深刻变革的结果。经过组织学习，要求每一个参与者都要准确把握教学改革所依据的教育思想和理念，明确改革的目的和方向，坚定信念，这样才保证改革持续深入地开展。

构思、设计、实现、运作教育理念模式的大工程理念，强调密切联系产业，培养学生的综合能力，要达到培养目标最有效的途径就是“做中学”，即基于项目的学习，在这种学习方式中，学生是学习的主体，教师是学习情境的构造者，是学习的组织者、促进者，并作为学习伙伴中的首席，随时提供给学生学习帮助。教学组织和策略都发生了很大的变化，要求教师要有更高的专业知识和丰富的工程背景经验。构思、设计、实现、运作教育理念不仅仅强调工程能力的培养，通识教育也同等重要，“做中学”的“做”，并非放任自流，而是需要更有效的设计与指导，强调“做中学”，并不忽视“经验”的学习，也就是要处理好专业与基础、理论与实践的关系。只有清楚地认识到这些，教学改革才不会偏离既定的轨道。

随着我国高等教育大众化的发展，各类高等教育机构要形成明确合理的功能层次分工。地方职业院校应回归工程教育，坚持为地方经济服务，培养高级应用技术人才，在“培养什么样的人”和“怎样培养人”的问题上做出文章，办出特色。

## 二、完善教学条件，创造良好育人环境

在应用计算机专业的建设过程中，结合创新人才培养体系的有关要求，紧密结合学科特点，不断完善教学条件。

(1) 重视教学基本设施的建设。多年来，通过合理规划，积极争取到学校投入大量资金，用于新建实验室和更新实验设备、建设专用多媒体教室、学院专用资料室。实验设备数量充足，教学基本设施齐全，才能满足教学和人才培养的需要。

(2) 加强教学软环境建设。在现有专业实验教学条件的基础上，加大案例开发力度，引进真实项目案例，建立实践教学项目库，搭建课程群实践教学环境。

(3) 扩展实训基地建设范围和规模，办好“校内”“校外”实训基地，搭建大实训体系，形成“教学-实习-校内实训-企业实训”相结合的实践教学体系。

(4) 加强校企合作，多方争取建立联合实验室，促进业界先进技术在教学中的体现，促进科研对教学的推动作用。

## 三、建立课程负责人制度，全方位推进课程建设和教材建设

本着夯实基础、强化应用、基于项目化教学的原则，根据培养目标要求，在构思、设计、实现、运作教育理念大纲的指导下，以学生个性化发展为核心，以未来职业需求为导向，大力推进课程建设和教材建设。针对计算机科学与技术专业所需的基础理论和基本工程应用能力，根据前沿性和时代性的要求，构建统一的公共基础课程和专业基础课程，作为专业通识教育学生必须具备的基本知识结

构，为专业方向课程模块提供有效支撑，为学生后续学习各专业方向打下坚实的基础。

教材内容要紧扣专业应用的需求，改变“旧、多、深”的状况，贯穿“新、精、少”的原则，在编排上要有利于学生自主学习，着重培养学生的学习能力。一些院校为集中教学团队的师资优势，启动课程建设负责人项目，对课程建设的具体内容、规范做出明确要求，明确了课程建设的职责和经费投入。这些有益经验值得我们借鉴和学习。

## 四、加强教学研讨和教学管理，突出教法研究

教育教学改革各项政策与措施最终的落脚点在常规的课堂教学上，因此，加强教学研讨和教学管理，是解决教学问题、保证教学质量的根本途径。

定期召开教学研讨会，组织全体教师讨论制订课程教学要点，研究教学方法，针对教学中存在的突出问题，集思广益，解决问题。对于新担任教学任务的教师或者是新开设的课程，要求在开学之初必须面向全体教师做教学方案的介绍，大家共同探讨，共同提高。教学研讨的内容围绕教材、教学内容的选择、教学组织策略的制订等而展开，突出教法研究。

加强教学管理和制度建设，逐步完善学校、学院、教研室三级教学管理体系，并建立教学过程控制与反馈机制。学校以国家和教育部相关法律、法规为依据，针对教师培训制度、教学管理制度、教学质量检查与评价制度、学生学籍管理制度以及学位评定制度等制定了一系列文件，并针对教学管理中出现的新情况、新问题，对教学管理相关文件作及时修订、完善和补充。教研室主任则具体负责每一门的落实情况，把各项规章制度贯穿到底。教学督导组常规的教学检查，每学期都要进行的教学期中检查，学生评教活动等有效地保证教学过程的控制，及时获取教学反馈，以便做出实时调整和改进。这些制度和措施，有效地保证了教学秩序的正常开展和教学质量提高。

## 五、加强教师实践能力培养，提高教师专业素质

要实现培养高质量计算机专业应用型人才的目标，应该以现任专业教师为基础，建立一支素质优良、结构合理的“双师型”师资队伍。除了不拘一格引进或聘用具有丰富工程经验的“双师型”教师之外，我们同时还采取有力措施，鼓励和组织教师参加各类师资培训、学术交流活动，努力提高师资队伍的业务水平和工程能力，不断更新和拓展计算机专业知识，提高专业素养。鼓励教师积极关注学校发展过程中与计算机相关项目的实施，积极争取学校支持，尽可能把这些与计算机相关的项目放在学校内部立项、实施。这些可以为老师和学生提供一次实

践锻炼的机会，降低计算机软件开发成本，方便计算机软件的维护。

另外，还要有计划地安排教师到计算机软件企业实践，了解行业管理知识和新技术发展动态，积累软件开发经验，努力打造“双师型”教师队伍。教师们将最新的计算机软件技术和职业技能传授给学生，指导学生进行实践，才能培养学生实践创新能力。

## 六、深度开展校企合作，规范完善实训工作的各项规章制度

近年来，一些职业院校积极开展产学合作、校企合作，充分发挥企业在人才培养上的优势，共同合作培养合格的计算机应用型技术人才。学校根据企业需求调整专业教学内容，引进教学资源，改革课程模块，使用案例化教材，开展针对性人才培养；企业共同参与制定实践培养方案，提供典型应用案例，选派具有软件开发经验的工程师指导实践项目；由企业工程师开设职业素养课，帮助学生了解行业动态，拓宽专业视野，提高职业素养，树立正确的学习观和就业观。与企业共建实习基地，让学生感受企业文化，使学生把所学的知识与生产实践相结合，获得工作经验，完成从学生到员工的角色过渡，企业从中培养适合自己的人才。

在与企业进行深度合作的过程中，各种各样的、预想到和未预想到的事情都会发生，为保证实训质量正常持续地开展下去，防患于未然，一些职业院校特别成立软件实训中心，专门负责组织和开展实训工作，制定和规范完善各项实训工作的规章制度及文档，如《软件工程实训方案》《学院实训项目合作协议》《软件工程专业应急预案》《毕业设计格式规范》等，就连巡查情况汇报、各种工作记录登记表等都做了规范要求。这些制度和要求的出台，为校企合作，深入开展实训工作，保证实训效果，培养工程型高素质人才起到了保驾护航的作用。

# 第三章 计算机应用技术课程改革与建设

计算机专业相对于冶金、化工、机械、数理等传统专业来说是一个比较新的专业，也是目前社会需求比较大的一个专业。但由于知识结构不完全稳定、专业内容变化快、新的理论和技术不断涌现等原因，使得本专业具有十分独特的一面：知识更新快，动手能力强。也许正因为如此，本专业的学生在经过3年的学习后，有一部分知识在毕业时就会显得有些过时，从而导致学生难以快速适应社会的要求，难以满足用人单位的需要。

目前，从清华、北大等一流大学到一般的地方工科院校，几乎都开设了计算机专业，甚至只要是一所学校，不管什么层次，都设有计算机类的专业。由于各校的师资力量、办学水平和能力差别很大，因此培养出来的学生的规格档次自然也不一样。但纵观我国各高校计算机专业的教学计划和教学内容不难发现，几乎所有高校的教学体系、教学内容和培养目标都差不多，这显然是不合理的，各个学校应针对自身的办学水平进行目标定位和制订相应的教学计划、确定教学体系和教学内容，并形成自己的特色。

职业院校作为培养应用型人才的主要阵地，其人才培养应走出传统的“精英教育”办学理念和“学术型”人才培养模式，积极开拓应用型教育，培养面向地方、服务基层的应用型创新人才。计算机专业并非要求知识的全面系统，而是要求理论知识与实践能力的最佳结合，根据经济社会的发展需要，培养大批能够熟练运用知识、解决生产实际问题、适应社会多样化需求的应用型创新人才。基于此，根据职业院校的办学特点，结合社会人才需求的状况，一些职业院校对计算机专业的人才培养进行了重新定位，并调整培养目标、课程体系和教学内容，以培养出适应市场需求的应用型技术人才。

## 第一节 人才培养模式与培养方案改革

随着我国市场经济的不断完善和科技文化的快速发展，社会各行各业需要大批不同规格和层次的人才。高等教育教学改革的根本目的是“为了提高人才培养的质量，提高人才培养质量的核心就是在遵循教育规律的前提下，改革人才培养模式，使人才培养方案和培养途径更好地与人才培养目标及培养规格相协调，更好地适应社会的需要”。

所谓人才培养模式，就是造就人才的组织结构样式和特殊的运行方式。人才培养模式包括人才培养目标、教学制度、课程结构和课程内容、教学方法和教学组织形式、校园文化等诸多要素。人才培养没有统一的模式。就大学组织来说，不同的大学，其人才培养模式具有不同的特点和运行方式。市场经济的发展要求高等教育能培养更多的应用型人才。所谓应用型人才是指能将专业知识和技能应用于所从事的专业社会实践的一种专门的人才类型，是熟练掌握社会生产或社会活动一线的基础知识和基本技能，主要从事一线生产的技术或专业人才。

应用型人才培养模式的具体内涵是随着高等教育的发展而不断发展的，“应用型人才培养模式是以能力为中心，以培养技术应用型专门人才为目标的”。应用型人才培养模式是根据社会、经济和科技发展的需要，在一定的教育思想指导下，人才培养目标、制度、过程等要素特定的多样化组合方式。

从教育理念上讲，应用型人才培养应强调以知识为基础，以能力为重点，知识能力素质协调发展。具体培养目标应强调学生综合素质和专业核心能力的培养。在专业方向、课程设置、教学内容、教学方法等方面都应以知识的应用为重点，具体体现在人才培养方案的制定上。

人才培养方案是高等学校人才培养规格的总体设计，是开展教育教学活动的重要依据。随着社会对人才需要的多元化，高等学校培养何种类型与规格的学生，他们应该具备什么样的素质和能力，主要依赖于所制定的培养方案，并通过教师与学生的共同实践来完成。随着高等教育教学改革的不断深入，人才培养的方法、途径、过程都在悄然变化，各校结合市场需要规格的变化，都在不断调整培养目标和培养方案。

传统的、单一的计算机科学与技术专业厚基础、宽口径教学模式，实际上只适合于精英式教育，与现代多规格人才需求是不相适应的。随着信息化社会的发展，市场对计算机专业毕业生的能力素质需求是具体的、综合的、全面的，用人单位更需要的是与人交流沟通能力（做人）、实践动手能力（做事）、创新思维及再学习能力（做学问）。同时，以创新为生命的IT业，可能比所有其他行业对员工的要求更需要创新、更需要会学习。IT技术的迅猛发展，不可能以单一技术“走遍江湖”，只有与时俱进，随时更新自己的知识，才能有竞争力，才能有发展前途。

计算机专业应用型人才培养定位于在生产一线从事计算机应用系统的设计、开发、检测、技术指导、经营管理的工程技术型和工程管理型人才。这就需要学生具备基本的专业知识，能解决专业一般问题的技术能力，具有沟通协作和创新意识的素养。

为适应市场需求，达到培养目标，某职业院校提出人才培养方案优化思路：以更新教学理念为先导，以培养学生获取知识、解决问题的能力为核心，以优化教学内容、整合课程体系为关键，以课程教学组织方式改革为手段，以多元化、增量式学习评价为保障，以学生知识、能力、素质和谐发展，成为社会需要的合格人才为目的。

基于以上优化思路，在有企业人士参与评审、共建的基础上，某职业院校从几个方面对计算机专业的人才培养方案进行了改革。

## 一、科学地构建专业课程体系

从社会对计算机专业人才规格的需求入手，重新进行专业定位、划分模块、课程设置；从全局出发，采取自顶向下、逐层依托的原则，设置选修课程、模块课程体系、专业基础课程，确保课程结构的合理支撑；整合课程数，或去冗补缺，或合并取精，优化教学内容，保证内容的先进性与实用性；合理安排课时与学分，充分体现课内与课外、理论与实践、学期与假期、校内与校外学习的有机融合，使学生获得自主学习、创新思维、个性素质等协调发展的机会。

### （一）设置了与人才规格需求相适应的、较宽泛的选修课程平台

有22/50的大量选修课程，提供了与市场接轨的训练平台，为学生具备多种工作岗位的素质要求打下基础。如软件外包、行业沟通技巧、流行的J2EE、.NET开发工具、计算机新技术专题等。

### （二）设置了人才需求相对集中的5个专业方向

1.软件开发技术（C/C++方向）；2.软件开发技术（JAVA方向）；3.嵌入式方向；4.软件测试方向；5.数字媒体方向。每一方向有7门课程，自成体系，方向分流由原来的3年级开始，提前到2年级下学期，以增强学生的专业意识，提高专业能力。

### （三）更新了专业基础课程平台

去冗取精，适当减少了线性代数、概率与数理统计等数学课程的学分，要求

教学内容与专业后续所需相符合；精简了公共专业基础课程平台，将部分与方向结合紧密的基础课程放入了专业方向课程之中，如电子技术基础放入了嵌入式技术模块；增加了程序设计能力培养的课程群学分，如程序设计基础、数据结构、面向对象程序设计等。从学分与学时上减少了课堂教学时间，增大了课外自主探索与学习时间，以便更好地促进学生自主学习、合作讨论和创新锻炼。

## 二、优化整合实践课程体系，以培养学生专业核心能力为主线

根据当地发展对计算机专业学生能力的需求来设计实践类课程。为了更好地培养学生专业基本技能、专业实用能力及综合应用素质，在原有的实践课程体系基础上，除了加大独立实训和课程设计外，上机或实验比例大大增加，仅独立实践的时间就达到46周，加上课程内的实验，整个计划的实践教学比例高达45%左右。而且在实践环节中强调以综合性、设计性、工程性、复合性的“项目化”训练为主体内容。

## 三、重新规划素质拓展课程体系

素质拓展体系是实践课程体系的课外扩充，目的是培养学生参与意识、创新能力、竞争水平。在原有的社会实践、就业指导基础上，结合专业特点，设计了依托学科竞赛和专业水平证书认证的各种兴趣小组和训练班，如全国软件设计大赛训练班、动漫设计兴趣小组、多媒体设计兴趣班、软件项目研发训练梯队等，为学生能够参与各种学科竞赛、获取专业水平认证、软件项目开发等提供平台，为学生专业技术水平拓展、团队合作能力训练、创新素质培养提供了机会。

## 四、加强培养方案的实施与保障

人才培养方案制定后，如何实施是关键。为了保证培养方案的有效实施，要加强以下几方面的保障。

### （一）加强师资队伍建设

培养高素质应用型人才，首先需要高素养、“双师型”的师资队伍。教师不仅能传授知识，能因材施教，教书育人，而且要具有较强的工程实践能力，通过参加科研项目、工程项目，以提高教育教学能力。为此，学校、学院制定了一系列的科研与教学管理规章制度和奖励政策，积极组建学科团队、教学团队及项目组，加强教师之间的合作，激励其深入学科研究、加强教学改革。

### （二）注重课程及课程群建设的研究

课程建设是教学计划实施的基本单元，主要包括课程内容研究、实验实践项

目探讨、课程网站及资源库建设、教材建设等。目前，基于区、校级精品课程与重点课程的建设，已经对计算机导论、程序设计基础、数据结构、数据库技术、软件工程等基础课程实施研究，以课程或课程群为单位，积极开展研究研讨活动，形成了有实效、能实用的教学内容、实验和实践项目，建设了配套资源库和课程网站，建设多种版本的教材，包括有区级重点建设教材和国家“十二五”规划教材。下一步由基础课程向专业课程推进，促进专业所有相关课程或课程群的建设研究。

**（三）改革教学组织形式与教学方法**

传统的以课堂为教学阵地，以教师为教学主体的教学组织形式，不适合于信息时代的教育规律。课堂时间是短暂的，教师个人的知识是有限的，要想掌握蕴涵大量学科知识的信息技术，只有学习者积极参与学习过程，养成自主获取知识的良好习惯，通过小组合作讨论发现问题、解决问题、提高能力，即合作性学习模式。本专业目前已经在计算机导论、软件工程等所有专业基础课、核心课中实施了合作式的教学组织形式，师生们转变了教学理念，积极参与教学过程，多方互动，教学相长，所取得的经验正逐步推广到专业其他课程中去。

**（四）加强实践教学，进一步深化“项目化”工程训练**

除了必备的基本理论课以外，所有专业课程都有配套实验，而且每门实验必须有综合性实验内容。结合课程实验、课程设计、综合实训、毕业实习、毕业设计等，形成了基于能力培养的有效的实践课程体系。依托当地新世纪教育教学改革项目的建设，大部分实践课程实施了“项目化”管理，引入了实际工程项目为内容，严格按照项目流程运作和管理，学生不仅将自己的专业知识应用到实际，得到了“真实”岗位角色的训练，团队合作、与用户沟通的真实体验，而且收获了劳动成果。

**（五）构建多元化评价机制**

基于合作性学习模式的评价机制，是多元评价主体之间积极的相互依赖、面对面的促进性互动、个体责任、小组技能的有机结合。具体体现在学生自我评价、小组内部评价、教师团队评价、项目用户评价等，注重参与性、过程性，具有增量式、成长性，是因材施教、素质教育的保障。这种评价方式已经在本专业所有“项目化”训练的实践课程中、在基于合作式学习课程中实施。学生反馈信息表明，这种评价比传统的、单一的知识性评价更科学合理，他们不仅没有了应付性的投机取巧心理，而且对学习有兴趣、主动参与，学习能力和综合素质自然就提高了。这种评价机制正逐步在所有课程中推广应用。

# 第二节 课程体系设置与改革

## 一、课程体系的设置

课程体系设置得科学与否，决定着人才培养目标能否实现。如何根据经济社会发展和人才市场对各专业人才的真实要求，科学合理地调整各专业的课程设置和教学内容，建构一个新型的课程体系，一直是我们努力探索、积极实践的核心。各高校计算机专业将课程体系的基本取向定位为强化学生应用能力的培养和训练。某高等院校借鉴国内外名校和兄弟院校课程体系的优点，重新设计计算机专业的课程体系。

本专业的课程设置体现了能力本位的思想，体现了以职业素质为核心的全面素质教育培养，并贯穿于教育教学的全过程。教学体系充分反映职业岗位资格要求，以应用为主旨和特征构建教学内容和课程体系；基础理论教学以应用为目的，以“必须、够用”为度，加大实践教学的力度，使全部专业课程的实验课时数达到该课程总时数的30%以上；专业课程教学加强针对性和实用性，教学内容组织与安排融知识传授、能力培养、素质教育于一体，针对专业培养目标，进行必要的课程整合。

### （一）遵循CCSE规范要求按照初级课程、中级课程和高级课程部署核心课程

1.初级课程解决系统平台认知、程序设计、问题求解、软件工程基础方法、职业社会、交流组织等教学要求，由计算机学科导论、高级语言程序设计、面向对象程序设计、软件工程导论、离散数学、数据结构与算法等6门课程组成。2.中级课程解决计算机系统问题，由计算机组成原理与系统结构、操作系统、计算机网络、数据库系统等4门课程组成。3.高级课程解决软件工程的高级应用问题，由软件改造、软件系统设计与体系结构、软件需求工程、软件测试与质量、软件过程与管理、人机交互的软件工程方法、统计与经验方法等内容组成。

### （二）覆盖全软件工程生命周期

1.在初级课程阶段，把软件工程基础方法与程序设计相结合，体现软件工程思想指导下的个体和小组级软件设计与实施。2.在高级课程阶段，覆盖软件需求、分析与建模、设计、测试、质量、过程、管理等各个阶段，并将其与人机交互的领域相结合。

### （三）以软件工程基本方法为主线改造计算机科学传统课程

1.把从数字电路、计算机组成、汇编语言、I/O例程、编译、顺序程序设计在内的基本知识重新组合，以C/C++语言为载体，以软件工程思想为指导，设置专业基础课程。2.把面向对象方法与程序设计、软件工程基础知识、职业与社会、团队工作、实践等知识融合，统一设计软件工程及其实践类的课程体系。

### （四）改造计算机科学传统课程以适应软件工程专业教学需要

除离散数学、数据结构与算法、数据库系统等少量课程之外，进行了如下改革：1.更新传统课程的教学内容，具体来说：精简操作系统、计算机网络等课程原有教学内容，补充系统、平台和工具；以软件工程方法为主线改造人机交互课程；强调统计知识改造概率统计为统计与经验方法。2.在核心课程中停止部分传统课程，具体来说：消减硬件教学，基本认知归入“计算机学科导论”和“计算机组成原理与系统结构”（对于嵌入式等方向针对课程群予以补充强化）；停止“编译原理”，基本认知归入计算机语言与程序设计，基本方法归入软件构造；停止“计算机图形学”（放入选修课）；停止传统核心课程中的课程设计，与软件工程结合归入项目实训环节。

### （五）课程融合

把职业与社会、团队工作、工程经济学等软技能知识教学与其他知识教育相融合，归入软件工程、软件需求工程、软件过程与管理、项目实训等核心课程。

### （六）强调基础理论知识教学与企业需求的辩证统一

基础理论知识教学是学生可持续发展的自学习能力的基本保障，是软件产业知识快速更新的现实要求，对业界工作环境、方法与工具的认知是学生快速融入企业的需要。因此，课程体系、核心课程和具体课程设计均须体现两者融合的特征，在强化基础的同时，有效融入企业界主流技术、方法和工具。

在现有的基础上，进一步完善知识、能力和综合素质并重的应用型人才的培养方案，引进、吸收国外先进教学体系，适应国际化软件人才培养的需要。创新课程体系，加强教学资源建设，从软硬两方面改善教学条件，将企业项目引进教学课程。加大实践教学学时比例，使实验、实训比例达到1/3以上，以项目为驱动实施综合训练。

## 二、课程体系的模块化

在本专业的课程体系建设中，结合就业需求和计算机专业教育的特点，打破传统的“三段式”教学模式，建立了由基本素质教育模块、专业基础模块和专业方向模块组成的模块化课程体系。

### （一）基本素质模块

基本素质模块涵盖了知法守法用法能力、语言文字能力、数学工具使用能力、信息收集处理能力、思维能力、合作能力、组织能力、创新能力以及身体素质、心理素质等诸多方面的教育，教学目标是重点培养学生的人文基础素质、自学能力和创新创业能力，主要任务是教育学生学会做人。基本素质模块应包含数学模块、人文模块、公共选修模块、语言模块、综合素质模块等。

### （二）专业基础模块

专业基础模块主要是培养学生从事某一类行业（岗位群）的公共基础素质和能力，为学生的未来就业和终身学习打下牢固的基础，提高学生的社会适应能力和职业迁移能力。专业基础模块课程主要包含专业理论模块、专业基本技能模块和专业选修模块。具体来讲，专业理论模块包含：计算机基础、程序设计语言、数据结构与算法、操作系统、软件工程和数据库技术基础等课程；专业基本技能模块包括网络程序设计、软件测试技术Java程序设计、人机交互技术、软件文档写作等课程。

专业基础模块课程的教学可以实行学历教育与专业技术认证教育的结合，实现双证互通。如结合全国计算机等级考试、各专业行业认证等，使学生掌握从事计算机各行业工作所具备的最基本的硬件、软件知识，而且能使学生具备专业最基本的技能。

### （三）专业方向模块

专业方向模块主要是培养学生从事某一项具体的项目工作，以培养学生直接上岗能力为出发点，实现本科教育培养应用性、技能性人才的目标。如果说专业基础模块注重的是从业未来及其变化因素，强调的是专业宽口径，就业定向模块则注重就业岗位的现实要求，强调的是学生的实践能力。掌握一门乃至多门专业技能是提高学生就业能力的需要。

专业方向模块课程主要包括专业核心课程模块、项目实践模块、毕业实习等，每个专业的核心专业课程一般为5~6门组成，充分体现精而专、面向就业岗位的特点。

## 第三节　实践教学

实践是创新的基础，实践教学是教学过程中的重要环节，而实验室则是学生实践环节教学的主要场所。构建科学合理培养方案的一个重要任务是要为学生构筑一个合理的实践教学体系，并从整体上策划每个实践教学环节。应尽可能为学生提供综合性、设计性、创造性比较强的实践环境，使每个大学生在3年中能经过多个实践环节的培养和训练，这不仅能培养学生扎实的基本技能与实践能力，而且对提高学生的综合素质大有好处。

实验室的实践教学，只能满足课本内容的实习需要，但要培养学生的综合实践能力和适应社会时常需求的动手能力，必须让学生走向社会，到实际工作中去锻炼、去提高、去思索，这也是职业院校学生必须走出的一步，是学生必修的一课。某职业院校就实践教学提出了自己的规划与安排，可供我们借鉴。

## 一、实践教学的指导思想与规划

在实践教学方面，努力践行"卓越工程人才"培养的指导思想具体用"一个教学理念、两个培养阶段、三项创新应用、四个实训环节、五个专业方向、八条具体措施"来加以概括：

### （一）一个教学理念

即确立工程能力培养与基础理论教学并重的教学理念，把工程化教学和职业素质培养作为人才培养的核心任务之一，通过全面改革人才培养模式、调整课程体系、充实教学内容、改进教学方法，建立软件工程专业的工程化实践教学体系。

### （二）两个培养阶段

即把人才培养阶段划分为工程化教学阶段和企业实训阶段。在工程教学阶段，一方面对传统课程的教学内容进行工程化改造，另一方面根据合格软件人才所应具备的工程能力和职业素质专门设计了4门阶梯状的工程实践学分课程，从而实现了课程体系的工程化改造。在实习阶段，要求学生参加半年全时制企业实习，在真实环境下进一步培养学生的工程能力和职业素质。

### （三）三项创新应用

1.运用创新的教学方法。采用双语教学、实践教学和现代教育技术，重视工程能力、写作能力、交流能力、团队能力等综合素质的培养。

2.建立新的评价体系。将工程能力和职业素质引入人才素质评价体系，将企业反馈和实习生/毕业生反映引入教学评估体系，以此指导教学。

3.以工程化理念指导教学环境建设。通过建设与业界同步的工程化教育综合实验环境及设立实习基地，为工程实践教学提供强有力的基础设施支持。

4.针对合格的工程化软件设计人才所应具备的个人开发能力、团队开发能力、系统研发能力和设备应用能力，设计了4个阶段性的工程实训环节：

（1）程序设计实训：培养个人级工程项目开发能力。

（2）软件工程实训：培养团队合作级工程项目研发能力。

（3）信息系统实训：培养系统级工程项目研发能力。

（4）网络平台实训：培养开发软件所必备的网络应用能力。

5.提出五个专业实践方向。

（1）软件开发技术（C/C++方向）。

（2）软件开发技术（JAVA方向）。

（3）嵌入式方向。

（4）软件测试方向。

（5）数字媒体方向。

6.八条具体措施。

（1）聘请软件企业的资深工程师，开设软件项目实训系列课程。例如，将若干学生组织成一个项目开发团队，学生分别担任团队成员的各种职务，在资深工程师的指导下，完成项目的开发，使学生真实地体会到了软件开发的全过程。在这个过程中，多层次、多方向地集中、强化训练，注重培养学生实际应用能力。另外，引入暑期学校模式，强调工程实践，采用小班模式进行教学安排。

（2）创建校内外软件人才实训基地。学院积极引进软件企业提供实训教师和真实的工程实践案例，学校负责基地的组织、协调与管理的创新合作模式，强化学生工程实践能力的培养。安排学生到校外软件公司实习实训，在实践中学习和提高能力，同时通过实训能快速积累经验，适应企业的需要。

（3）要求每个学生在实训基地集中实训半年以上。在颇具项目开发经验的工程师的指导下，通过最新软件开发工具和开发平台的训练以及实际的大型应用项目的设计，提高学生的程序设计和软件开发能力。另外，实训基地则对学生按照企业对员工的管理方式进行管理（如上下班打卡、佩戴员工工作牌、团队合作等），使学生提前感受到企业对员工的要求，在未来择业、就业以及工作中能够比较迅速地适应企业的文化和规则。

（4）引进战略合作机构，把学生的能力培养和就业、学校的资源整合、实训机构的利益等捆绑在一起，形成一个有机的整体，弥补高校办学的固有缺陷（如师资与设备不足、市场不熟悉、就业门路窄、项目开发经验有欠缺等），开拓一个全新的办学模式。

（5）加强实训中心的管理，在实验室装备和运行项目管理、支持等方面探索新的思路和模式，更好地发挥实训中心的功能和作用。

（6）在课程实习、暑假实习和毕业设计等环节进行改革，探索高效的工程训练内容设计、过程管理新机制。做到“走出去”（送学生到企业实习）和“请进来”（将企业好的做法和项目引进到校内）相结合的新路子。

（7）办好“校内”“校外”两个实训基地建设，在校内继续凝练、深化“校内实习工厂”的建设思路，并和软件公司建设校外实训基地。

（8）加强第二课堂建设，同更多的企业共建学生第二课堂。学院不仅提供专门的场地，而且提供专项经费支持学生的创新性活动和工程实践活动。加大学生科技立项和科技竞赛等的组织工作，在教师指导、院校两级资金投入方面进行建设，做到制度保证。

要强化学生理论与实践相结合的能力，就必须形成较完备的实践教学体系。将实践教学体系作为一个系统来构建，追求系统的完备性、一致性、健壮性、稳定性和开放性。

按照人才培养的基本要求，教学计划是一个整体。实践教学体系只能是整体计划的一部分，是一个与理论教学体系有机结合的、相对独立的完整体系。只有这样，才能使实践教学与理论教学有机结合，构成整体。

计算机专业的基本学科能力可以归纳为计算思维能力、算法设计与分析能力、程序设计与实现能力、系统能力。其中的系统能力是指计算机系统的认知、分析、开发与应用能力，也就是要站在系统的观点上去分析和解决问题，追求问题的系统求解，而不是被局部的实现所困扰。

要努力树立系统观，培养学生的系统眼光，使他们学会考虑全局、把握全局，能够按照分层模块化的基本思想，站在不同的层面上去把握不同层次上的系统；要多考虑系统的逻辑，强调设计。

实践环节不是零散的一些教学单元，不同专业方向需要根据自身的特点从培养创新意识、工程意识、工程兴趣、工程能力或者社会实践能力出发，对实验、实习、课程设计、毕业设计等实践性教学环节进行整体、系统的优化设计，明确各实践教学环节在总体培养目标中的作用，把基础教育阶段和专业教育阶段的实践教学有机衔接，使实践能力的训练构成一个体系，与理论课程有机结合，贯彻于人才培养的全过程。

追求实验体系的完备、相对稳定和开放，体现循序渐进的要求，既要有基础性的验证实验，还要有设计性和综合性的实验和实践环节。在规模上，要有小、中、大；在难度上，要有低、中、高。在内容要求上，既要有基本的，还要有更高要求，通过更高要求引导学生进行更深入的探讨，体现实验题目的开放性。这就要求内容：既要包含硬件方面的，又要包含软件方面的；既要包含基本算法方面的，又要包含系统构成方面的；既要包含基本系统的认知、设计与实现，又要包含应用系统的设计与实现；既要包含系统构建方面的，又要包含系统维护方面的；既要包含设计新系统方面的，又要包含改造老系统方面的。

从实验类型上来说，需要满足人们认知渐进的要求，要含有验证性的、设计性的、综合性的。要注意各种类型的实验中含有探讨性的内容。

从规模上来说，要从小规模的开始，逐渐过渡到中规模、较大规模上。关于规模的度量，就程序来说大体上可以按行计。小规模的以十计，中规模的以百计，较大规模的以千计。包括课外的训练在内，从一年级到三年级，每年的程序量依次大约为5000行、1万行、1.5万行。这样，通过3年的积累，可以达到2.5万行的程序量。作为最基本的要求，至少应该达到2万行。

## 二、实践体系的设计与安排

总体上，实践体系包括课程实验、课程设计、毕业设计和专业实习4大类，还有课外和社会实践活动。在一个教学计划中，不包括适当的课外自习学时，其中课程实验至少14学分，按照16个课内学时折合1学分计算，共计224个课内学时；另外综合课程设计4周、专业实习4周、毕业实习和设计16周，共计达到24周。按照每周1学分，折合24学分。

### （一）课程实验

课程实验分为课内实验和与课程对应的独立实验课程。他们的共同特征是对应于某一门理论课设置。不管是哪一种形式，实验内容和理论教学内容的密切相关性要求这类实验是围绕着课程进行的。

课内实验主要用来使学生更好地掌握理论课上所讲的内容。具体的实验也是按简单到复杂的原则安排的，通常和理论课的内容紧密结合就可以满足此要求。在教学计划中实验作为课程的一部分出现。

### （二）课程实训、阶段性实训与项目综合实训

课程实训是指和课程相关的某项实践环节，更强调综合性、设计性。无论从综合性、设计性要求，还是从规模上讲，课程实训的复杂度都高于课程实验。特别是课程实训在于引导学生迈出将所学的知识用于解决实际问题的第一步。

课程实训可以是一门课程为主的，也可以是多门课程综合的，统称为综合实训。综合实训是将多门课程所相关的实验内容结合在一起，形成具有综合性和设计性特点的实验内容。综合课程设计一般为单独设置的课程，其中课堂教授内容仅占很少部分的学时，大部分课时用于实验过程。

综合实训在密切学科课程知识与实际应用之间的联系，整合学科课程知识体系，注重系统性、设计性、独立性和创新性等方面具有比单独课内实验更有效和直接的作用。同时还可以更有效地充分利用现有的教学资源，提高教学效益和教育质量。

综合实训不仅强调培养学生具有综合运用所学的多门课程知识解决实际问题

的能力，更加强调系统分析、设计和集成能力，以及强化培养学生的独立实践能力和良好的科研素质。

各个方向也可以有一些更为综合的课程实训。课程实训可以集中地安排在1~2周完成，也可以根据实际情况将这1~2周的时间分布到一个学期内完成。更大规模的综合实训可以安排更长的时间。

### （三）专业实习

专业实习可以有多种形式：认知实习、生产实习、毕业实习、科研实习等，这些环节都是希望通过实习，让学生认识专业、了解专业，不过各有特点，各校实施中也各具特色。

通常实习在于通过让学生直接接触专业的生产实践活动，真正能够了解、感受未来的实际工作。计算机科学与技术专业的学生，选择IT企业、大型研究机构等作为专业实习的单位是比较恰当的。

根据计算机专业的人才培养需要建设相对稳定的实习基地。作为实践教学环节的重要组成部分，实习基地的建设起着重要的作用。实习基地的建设要纳入学科和专业的有关建设规划，定期组织学生进入实习基地进行专业实习。

学校定期对实习基地进行评估，评估内容包括接收学生的数量、提供实习题目的质量、管理学生实践过程的情况、学生的实践效果等。

实习基地分为校内实习基地和校外实习基地两类，它们应该各有侧重，相互补充，共同承担学生的实习任务。

### （四）课外和社会实践

将实践教学活动扩展到课外，可以进一步引导学生开展广泛的课外研究学习活动。

对有条件的学校和学有余力的学生，鼓励参与各种形式的课外实践，鼓励学生提出和参与创新性题目的研究。主要形式包括：1.高年级学生参与科研；2.参与ACM程序设计大赛、数学建模、电子设计等竞赛活动；3.科技俱乐部、兴趣小组、各种社会技术服务等；4.其他各类与专业相关的创新实践。

教师要注意给学生适当的引导，特别要注意引导学生不断地提升研究问题的层面，面向未来，使他们打好基础，培养可持续发展的能力。反对只注意让学生“实践”而忽视研究，总在同一个水平上重复。

课外实践应有统一的组织方式和相应指导教师，其考核可视不同情况依据学生的竞赛成绩、总结报告或与专业有关的设计、开发成果进行。

社会实践的主要目的是让学生了解社会发展过程中与计算机相关的各种信息，将自己所学的知识与社会的需求相结合，增加学生的社会责任感，进一步明确学习目标，提高学习的积极性，同时也取得服务社会的效果。社会实践具体方式包括：1.组织学生走出校门进行社会调查，了解目前计算机专业在社会上的人才需求、技术需求或某类产品的供求情况；2.到基层进行计算机知识普及、培训、参与信息系统建设；3.选择某个专题进行调查研究，写出调查报告等。

### （五）毕业设计

毕业设计（论文）环节是学生学习和培养的重要环节，通过毕业设计（论文），学生的动手能力、专业知识的综合运用能力和科研能力得到很大的提高。学生在毕业设计或论文撰写的过程中往往需要把学习的各个知识点贯穿起来，形成对专业方向的清晰思路，尤其对计算机专业学生，这对毕业生走向社会和进一步深造起着非常重要的作用，也是培养优秀毕业生的重要环节之一。

学生毕业论文（设计）选题以应用性和应用基础性研究为主，与学科发展或社会实际紧密结合。一方面要求选题多样化，向拓宽专业知识面和交叉学科方向发展，老师们结合自己的纵向、横向课题提供题目，也鼓励学生自己提出题目，尤其是有些同学的毕业设计与自己的科技项目结合，学生也可到IT企业做毕业设计，结合企业实际，开展设计和论文；另一方面要求设计题目难度适中且有一定创意，强调通过毕业设计的训练，使学生的知识综合应用能力和创新能力都得到提高。

在毕业设计的过程中注重训练学生总体素质，创造环境，营造良好的学习氛围，促使学生积极主动地培养自己的动手能力、实践能力、独立的科研能力、以调查研究为基础的独立工作能力以及自我表达能力。

为在校外实训基地实习的同学配备校内指导老师和校外指导老师，指导学生进行毕业设计，鼓励学生以实践项目作为毕业设计题目。

该职业院校的计算机专业十分重视毕业设计（论文）的选题工作，明确规定，偏离本专业所学基本知识、达不到综合训练目的的选题不能作为毕业设计题目。提倡结合工程实际真题真做，毕业设计题目大多来自实际问题和科研选题，与生产实际和社会科技发展紧密结合，具有较强的系统性、实用性和理论性。近年来，结合应用与科研的选题超过90%，大部分题目需要进行系统设计、硬件设计、软件设计，综合性比较强，分量较重。这些选题使学生在文献检索与利用、外文阅读与翻译、工程识图与制图、分析与解决实际问题、设计与创新等方面的能力得到了较大的锻炼和提高，能够满足综合训练的要求，达到本专业的人才培养目标。

## 第四节　课程建设

课程教学作为职业教育的主渠道，对培养目标的实现起着决定性的作用。课程建设是一项系统工程，涉及教师、学生、教材、教学技术手段、教育思想和教学管理制度。课程建设规划反映了各校提高教育教学质量的战略和学科、专业特点。

计算机专业的学生就业困难，不是难在数量多，而是困在质量不高，与社会需求脱节。通过课程建设与改革，要解决课程的趋同性、盲目性、孤立性以及不完整、不合理交叉等问题，改变过分追求知识的全面性而忽略人才培养的适应性的倾向。下面是某职业院校提出的课程建设策略。

### 一、夯实专业基础

针对计算机专业所需的基础理论和基本工程应用能力，构建统一的公共基础课程和专业基础课程，作为各专业方向学生必须具有的基本知识结构，为专业方向课程模块提供有效支撑，为学生后续学习各专业方向打下坚实的基础。

### 二、明确方向内涵

将各专业方向的专业课程按一定的内在关联性组成多个课程模块，通过课程模块的选择、组合，构建出同一专业方向的不同应用侧重，使培养的人才紧贴社会需求，较好地解决本专业技术发展的快速性与人才培养的滞后性之间的矛盾。

### 三、强化实际应用

为加强学生专业知识的综合运用能力和动手能力，减少验证性实验，增加设计性实验，所有专业限选课都设有综合性、设计性实验，还增设了“高级语言程序设计实训”“数据结构和算法实训”“面向对象程序设计实训”“数据库技术实训”等实践性课程。根据行业发展的情况、用人单位的意向及学生就业的实际需求，拟定具有实际应用背景的毕业设计课题。

通过多年的探索和实践，课程内容体系的整合与优化在思路方法上有较大突破。课程建设效果明显，已经建成区级精品课程2门，校级精品课程3门，并制订了课程建设的规划。

作为计算机专业应用型人才培养体系的重要组成部分，课程建设规划制订时要注意以下几个方面：建立合理的知识结构，着眼于课程的整体优化，反映应用型的教学特色；在构建课程体系、组织教学内容，实施创新与实践教学、改革教学方法与手段等方面进行系统配套的改革；安排教学内容时，要将授课、讨论、作业、实验、实践、考核、教材等教学环节作为一个整体统筹考虑，充分利用现代化教育技术手段和教学方式，形成立体化的教学内容体系；重视立体化教材的建设，将基础课程教材、教学参考书、学习指导书、实验课教材、实践课教材、专业课程教材配套建设，加强计算机辅助教学软件、多媒体软件、电子教案、教学资源库的配套建设；充分利用校园资源环境，进行网上课程系统建设，使专业教学资源得到进一步优化和组合；重视对国外著名高校教学内容和课程体系改革的研究，继续做好国外优秀教材的引进、消化、吸收工作。

## 第五节　教学管理

以某高等院校的教学管理为例，汲取其中的有益经验。

### 一、教学制度

在学校、系部和教研室的共同努力下，完善教学管理和制度建设，逐步完善了三级教学管理体系。

#### （一）校级教学管理

学校现已形成完整、有序的教学运行管理模式，包括建设质量监控队伍，建立教学管理制度、教学工作的沟通及信息反馈渠道等。学校教务处负责全校教学、学生学籍、教务、实习实训等日常管理工作，同时设有教学指导委员会、学位评定委员会、教学督导组等，对各系的教学工作进行全面监督、检查和指导。

学校教务管理系统实现了学生网上选课、课表安排及成绩管理等功能。在学校信息化建设的支持下，教学管理工作网络化已实行了多年，平时的教学管理工作，如学籍管理、教学任务下达和核准、排课、课程注册、学生选课、提交教材、课堂教学质量评价等均在校园网上完成，网络化的平台不仅保障了学分制改革的顺利进行，同时也提高了工作效率。同时，也为教师和学生提供了交流的平台，有力地配合了教学工作的开展。

学校制定了学分制、学籍、学位、选课、学生奖贷、考试、实验、实习及学生管理等制度和规范，并严格执行。在学生管理方面，对学生德、智、体综合考评，大学生体育合格标准，导师、辅导员工作，学生违纪处分，学生考勤，学生宿舍管理及学生自费出国留学等都做了规定。

#### （二）系级教学管理

计算机工程系自成立以来，由系主任、主管教学的副主任、教学秘书和教务秘书等负责全系的教学管理工作。主要负责制订和实施本系教育发展建设规划，组织教育教学改革研究与实践，修订专业培养方案，制定本系教学工作管理规章制度，建立教学质量保障体系，进行课堂内外各个环节的教学检查，监督协调各教研室教学工作的实施等。系里负责教学计划与任课教师的管理、日常及期中教学检查、学生成绩及学籍处理以及教学文件的保存等。

### （三）教研室教学管理

系下设多个教研室，负责专业教学管理，修订教学计划，落实分配教学任务，管理专业教学文件，组织教学研究活动与教育教学改革、课程建设、编写修订课程教学大纲及实验大纲，协助开展教学检查，负责教师业务考核及青年教师培养等。

## 二、过程控制与反馈

计算机学院设有教学指导委员会（由学院党政负责人、各专业系负责人等组成)，负责制定专业教学规范、教学管理规章制度、政策措施等。学校和学院建立有教学质量保障体系，学校聘请具有丰富教学经验的离退休老教师组成教学督导组，负责全校教学质量监督和教学情况检查等。通过每学期教学检查、毕业设计题目审查、中期检查、抽样答辩、教学质量和教学效果抽查、学生评价等环节，客观地对教育工作质量进行有效的监督和控制。

由于校、院、系各级教学管理部门实行严格的教学管理制度，采用计算机网络等现代手段使管理科学化，提高了工作效率，教学管理人员尽职尽责素质较高，教学管理严格、规范、有序，为保证教学秩序和提高教学质量起到了重要作用。

### （一）教学管理规章制度健全

学校以国家和教育部相关法律、法规为依据，针对教师培训制度、教学管理制度、教学质量检查与评价制度、学生学籍管理制度以及学位评定制度等制定了一系列文件，并针对教学管理中出现的新情况、新问题，对教学管理相关文件做及时修订、完善和补充。

在学校现有规章制度的基础上，根据实际情况和工作需要，计算机学院又配套制定了一系列强化管理措施，如《计算机工程系“十二五”学科专业建设发展规划》《计算机工程系教学管理工作人员岗位职责》《计算机工程系专任教师岗位职责》《计算机工程系实训中心管理人员岗位职责》《计算机工程系课堂考勤制度》《计算机工程系毕业设计（论文）工作细则》《计算机工程系教学奖评选方法》《计算机工程系课程建设负责人制度》等。

### （二）严格执行各项规章制度

学校形成了由院长→分管教学副院长→职能处室（教务处、学生处等）→系部的分级管理组织机构，实行校系多级管理和督导，教师、系部、学校三级保障的机制，健全的组织机构为严格执行各项规章制度提供了保证。

学校还采取全面的课程普查，组织校领导、督导组专家听课，每学期第一周（校领导带队检查）、中期（教务处检查）、期末教学工作年度考核等措施，保证规章制度执行。

学校教务处坚持工作简报制度，做到上下通气，情况清楚，奖惩分明。对于学生学籍变动、教学计划调整、课程调整等实施逐级审批制；对在课堂教学、实践教学、考试、教学保障等各方面造成教学事故的人员给予严肃处理；对优秀师生的表彰奖励及时到位。

教学规章制度的严格执行，使学院树立了良好的教风和学风，教学秩序井然，教学质量稳步提高，对实现本专业人才培养目标提供了有效保障。

# 第四章　计算机应用技术MOOC教学研究

## 第一节　MOOC内涵特征及其对我国终身教育的启示

### 一、MOOC的内涵及其特征

MOOC是“Massive Open Online Course"的缩略形式，意为大规模开放式网络课程，指课程提供方将课程的相关资源，如视频、学习材料等置于特定的网络平台，供注册者学习，并开辟相应的渠道供学习者相互交流、讨论，教师负责答疑辅导，最后通过某种形式的考试进行学业测评并对成绩合格者颁发相应证书。MOOC是加拿大学者戴维·科米尔和布莱恩·亚历山大于2008年首次提出的课程概念。2011年，斯坦福大学的萨巴斯坦·斯朗和彼得·诺威采用MOOC的形式推出一门名为《人工智能导论》的课程，吸引了大约16万人注册学习；该校稍后推出的《机器学习》和《数据库导论》两门课程也分别有10万和9万人注册学习。MOOC由此受到社会各界的广泛关注，众多教育机构纷纷参与到大规模开放式网络课程的建设中。目前，提供MOOC资源的教育平台主要有Udacity Coursera和edX三大巨头，吸引了众多世界顶尖高校参与其中。随着网络技术的发展，MOOC以其区别于传统课堂教学和普通网络课程的独特优势，受到越来越多学习者的青睐，在教育领域发挥更大的作用。作为一种新兴的网络教育模式，MOOC既不同于传统的课堂教学形式，又与普通的网络课程存在显著差异，呈现鲜明特征。

#### （一）可扩张性

MOOC的可扩张性特征是指其教育规模不受空间限制，可根据注册人数的增加而不断扩充教育容量。该特征由两方面因素决定：一方面，作为一种网络教育模式，MOOC得益于具有无限空间的网络平台，相对于传统课堂而言，具有无可比拟的空间优势，因而在单一课程的教育容量上具有无限扩张的特性；另一方面，由于MOOC提供者无法准确预测课程学习者的数量，因而必须赋予MOOC无限扩充容量的特性。正是因为MOOC具有传统课堂所不具备的可扩张性特征，许多在线课程能容纳成千上万名学习者同时进行同一课程的学习，一些顶尖大学的知名课程教学规模更是达到惊人的程度。如，世界三大MOOC供应平台之一、由麻省理工学院和哈佛大学联合建立的edX于2012年三月推出首个在线课程《电路与电子》，吸引了来自全世界160多个国家的15476从注册学习。MOOC的可扩张性大大拓展了单一课程的容量，提高了教育资源特别是优质教育资源的利用效率，这在教育资源供需矛盾日趋紧张的时代，无论对于政府还是学习者个人，MOOC都将成为重要的选择对象。

### （二）开放性

开放性是指MOOC提供方将课程相关资源置于特定的网络空间内，任何人都可注册学习。MOOC的开放性主要体现为两点：一是空间的开放性，即MOOC的资源大多呈现在相应的网络平台上，人们只要具备该网络平台所需要的基本软硬件条件即可注册学习；二是学习人员的开放性，指MOOC没有限制学习者的身份，无论是否本校学生，无论国籍和年龄，只要对该课程感兴趣，就可以注册学习。世界知名MOOC供应平台edX在其网站介绍中清晰地表明了开放性这一基本特征：“我们提供最优秀的在线高等教育，为任何希望成就自我、不断进步的人提供发展机会。”

### （三）交互性

交互性是指在MOOC教学过程中，教师和学生通过该课程提供的网络平台进行双向乃至多向交流的特性。MOOC提供方充分运用现代网络通信技术，搭建社交网络平台，供教师和学生进行交流互动。MOOC的这一特性增强了网络课程的情景性，使网络课程学习更加接近真实课堂教学，激发了学习者的积极性，提高了教学效果。2012年3月，edX开通了首个在线课程《电路与电子》，并为该课程配备由4位教师、5位教学助理和3位实验助理组成的强大师资阵容，为教学过程中的辅导答疑奠定了良好的人员基础。此外，edX还通过在线作业、学习论坛、考试等方式进行师生间的双向、多向交流和互动，为该课程营造了良好的学习氛围。课程结束后，MIT和哈佛大学组建了一个由多位不同学科专家组成的研究团队，对该课程的实施情况进行评估，他们发现，该课程教学过程中，师生之间的交流互动次数达到两亿三千万之多。

### （四）国际化

MOOC的另一个重要特征是国际化。由于MOOC秉承开放性的教育理念，几乎所有的教学环节都通过网络进行，因而无论是课程提供方还是学习者，都呈现出明显的国际化特征。就课程提供方而言，世界各国的众多高校和教育培训公司已开始行动，希望在MOOC这一新兴领域占得先机。以edX为例，这个由美国哈佛大学和麻省理工学院主导的MOOC平台已经吸引了德国、加拿大、澳大利亚、荷兰、瑞典、瑞士、比利时、日本、韩国、印度以及中国香港等十几个国家和地区的30所高校参与其中。2013年5月，清华大学和北京大学相继宣布加入edX平台，成为首批提供MOOC资源的中国大陆高校。就学习者而言，注册学习MOOC的学生也呈现出明显的国际化特征。例如，edX开设的首门课程《电路与电子》的注册学习者就广泛分布在全世界194个国家和地区。

### （五）自主性

MOOC的自主性是指学习者在课程学习过程中，较少受外界的约束或影响，更多依靠个人的主观努力，或在学习者自主建立的学习社区的帮助下进行学习。由于MOOC注册者的学习动机源于对知识的兴趣与渴求，因而在课程学习中更能发挥主动性和积极性，而且对知识的共同兴趣又促使学习者更容易结成网络学习社区，以相互借鉴和交流。麻省理工学院在对已开设的MOOC进行分析时发现，学习者自主开发了许多工具和软件供大家使用，以共同解决在学习中遇到的各种问题，一个有序的学习生态社区正在逐步形成。

## 二、MOOC对我国教育的启示

### （一）积极开展MOOC资源建设工作

作为一种新型的网络教育模式，MOOC尽管还存在许多问题和不足，但其本身具有的独特优势预示了广阔的发展前景。目前，从全世界范围看，MOOC仍处于始发阶段，发达国家并未完全控制MOOC的话语权，我国高等教育机构应抓住有利时机，积极参与在线网络课程的建设工作。从目前的现实情况看，我国高校参与MOOC资源建设可以从两个方面入手。为面，积极参与由西方大学主导的网络课程平台建设。由于西方大学经历了较长的网络课程发展时期，具有较为丰富的经验，参与他们主导的MOOC平台，可以更好地学习和借鉴先进经验。这方面的工作已经起步，继清华大学和北京大学宣布加入美国edx平台后，上海交通大学和复旦大学也相继宣布加入由斯坦福大学主导的Coursera教育平台。但是，MOOC不应成为少数高校的专利，更多的高校，包括地方性高校也应加入到发展MOOC的行列中。另为面，我国高校应建立自己的MOOC平台。与单纯提供在线课程资源不同，MOOC平台的建设更为复杂，不仅需要提供相应的课程资源，还涉及教学安排、网络维护、资金筹集、法律咨询等方面的事务。我国高校应充分利用自身的资源优势，建立自己主导的在线网络课程平台，制定适合我国国情的MOOC教学和管理制度，并在合适的时机推出可提供学分乃至学位的在线课程体系。

### （二）利用MOOC开展“翻转课堂”教学模式，推动传统课堂教学改革

翻转课堂（Flipped Classroom/Inverted Classroom）是指教师先录制教学视频，交由学生课前观看学习，学生带着学习视频所形成的感受或疑问回到正式课堂，与教师和同学进行交流和探讨的一种教学方式。受时间限制，传统课堂教学往往采用教师讲、学生听的教学模式，学生的主体地位得不到充分体现，教师也无法真正实施因材施教以满足学生的个性需求。而翻转课堂则改变了片面依靠教师讲授、学生被动接受的教学模式，由先教后学转向先学后教，由注重学习结果转向注重学习过程；更加强调学生的主动学习，利用课堂实施自学-讨论-成长的探究式教学模式，针对学生的不同情况施以相应的辅导，从而在课堂上真正做到因材施教。高校可充分利用MOOC教育平台，将教学内容转换为在线课程，使学生在正式上课前先行自学相关内容，教师在正式课堂内组织、引导学生进行充分的交流和探讨，并对学生进行有针对性的辅导答疑，从而有效拓展教学的广度和深度，提高教育教学质量。

### （三）通过MOOC实施终身教育，建立学习型社会

终身教育思想自20世纪80年代传入我国以来，在各领域引起了强烈反响，成为迄今为止最重要的教育思潮。然而，在实践层面，我国终身教育的发展状况却并不乐观，究其原因，主要在于教育资源匮乏，不能满足全体社会成员终身学习的需求。因此，如何科学、高效地盘活现有教育资源，提高资源利用效率，已成为推动终身教育实践向纵深发展、建立学习型社会的重大课题。显然，MOOC以其开放的教育理念、大规模的教育受众等特征，将成为推动终身教育发展，进而形成学习型社会的重要手段。教育提供方只需对传统课程进行一定的改造，使之成为适合网络教学的在线课程，无须进行大规模资金投入，便可实现大幅扩充教育容量的目的。

根据现阶段我国终身教育的基本任务，应推动MOOC在两个方面进行突破：学历教育和非学历教育。在学历教育方面，教育提供方应突破目前学生不能通过学习MOOC获得相应学分和学位的限制，赋予在线课程以相应的学分，并对获得足够学分的学生颁发国家承认的学位证书。这样既可大大激发人们注册学习MOOC的积极性，同时也将大幅提升在线网络课程在整个教育体系中的地位和影

响力。在非学历教育方面，社区或相关高校可利用MOOC平台，大量开设不提供学分或提供学分而不提供学位的科普类课程和休闲娱乐课程，提高人们的文化科学素质，从而推动终身教育的发展和学习型社会的建立。

## 第二节　MOOC模式带给我国开放课程的启示

### 一、大规模开放网络课程（MOOC）

#### （一）MOOC定义

大型开放式网络课程（Massive Open Online Course简称MOOC）是一种网络教学模式，源于开放教育资源和连结主义者的教育理念，即通过信息技术和网络技术将优质教育资源送到世界需要的角落，推进技术与教育的双向深度融合，促进现行教育模式与方法的改变。

#### （二）MOOC优势

大型开放式网络课程的推广对高等教育的信息化、国际化、民主化都将产生重要而深远的影响。通过对MOOC的技术分析，MOOC实际上是技术与教育双向融合的产物，并在双向融合过程中做到了“因地制宜”、“因材施教”，较国家精品开放课程工程的建设做了更多优化，为使用者提供了更为直观的能动性与互动性。

1.MOOC改进了网络视频技术

MOOC的网络视频技术为使用者提供了更为直观的视觉效果。为了激发学习者的学习兴趣与互动热情，MOOC、在技术上作了很大调整，不再是简单录制线下实体课程与单一的课件呈现，而是直接为网络课程准备内容，每个视频之间还穿插了很多小测验，用户可以随堂检测知识掌握情况。分段式的授课方式让人感觉跟实际课堂一样。

2.MOOC具有优秀的交流平台

知识交流是知识传播不可或缺的环节，优秀的交流平台为知识交流打下了良好基础。例如，在edX（麻省理工和哈佛大学创建的大规模开放在线课堂）平台上，每个视频都有一个对应的讨论区，世界各地学生对于学习该课程遇到的问题和心得体会可以相互交流。由于世界教育水平发展不均衡，交流学习可以相互拓展知识，同时也可为授课教师提供学生掌握知识的情况和学习需求，从而改进授课方式和知识结构。

3.MOOC连结主义式的教学设计原则，能满足不同学习者需求

连结主义式的MOOC、让大量资料在线上不同网站传播，然后再将各种资讯

集结成通讯报道或网页，以方便参与者读取。使用客观、自动化的线上评量系统，重新编排教学内容以配合不同学习者的目标，并与其他学习者或全世界分享依不同学习目标编排的教学内容和想法。MOOC课程整合多种网络社交工具和多种形式的数字化资源，形成多元化的学习工具与丰富的课程资源。课程易于使用，因为其突破了传统课程时间、空间的限制，通过互联网使世界各地的学习者在家即可学习国内外著名高校的课程。

连结主义式的教学设计原则，可以做到“因地制宜”、“因材施教”。由于MOOC课程参与人数极多，机器学习机制能够对大量数据进行分析。对学生而言，可以根据自己需要选择所学内容，并利用交流平台实现师生之间的多层次交流，容易发现自身的不足之处，然后把相应问题及时反馈给教师；对教师而言，通过这些反馈能分析出课程设置的问题，发现学生的学习需求并分析其知识薄弱环节，从而及时重新编排教学内容或改进教学方式。

## 二、MOOC的资源建设机制

MOOC网站的资源建设路线是联合世界知名高校合作进行资源建设，邀请知名学府的著名教授进行授课。MOOC教育机构提供技术支撑，搭建能够满足大规模在线学习者学习需求的稳定运行的学习平台，制定平台课程建设的标准，为合作高校及学习者提供完备的专业技术服务。商业化运作，为自身发展带来大量资金。

### （一）联合世界著名高校，共建学习资源

MOOC三巨头Udancity，Coursera，edx，它们的资源建设思路基本都是先上线自己学校的优质课程，达到一定的名牌效应后再吸引其他著名高校进行合作，而且最先合作的高校也都是美国本土的著名高校，继而发展到国外的一些著名高校。

### （二）搭建学习平台，提供专业管理服务

在MOOC建设上，三大MOOC机构通过对合作学校开放其学习管理系统，合作学校的教师们可以建设符合三大MOOC网站各自资源建设理念的学习资源。

### （三）商业化运作

MOOC发展初期吸引了许多风险投资公司的青睐，同时他们也在发展各种可持续的商业盈利模式。依据他们发布的营利战略，这些商业模式包括：将学生的信息卖给潜在的雇主或者广告商、付费形式的作业评分、能够进入社会网络和参与讨论、为赞助商的课程做广告、学分类课程的学费。商业化的运作，可以为MOOC项目的发展带来大量的资金，这样就可以保障优秀人才、优化技术方案、吸引优质资源和商业化的项目推广。在商业资金的推动下，项目研究人员会更潜

心于学习资源的组织和研究，保证学习资源更优质。

## 三、MOOC的一般运行模式

每个MOOC课程都有一个中心平台，授课教师通过中心平台发布课程信息，包括课程内容、授课教师简介、课程简介、教学大纲、课程起始时间、学习活动等等。

课程开始后，教师定期发布课程资料，包括授课课件、视频、作业等。为了保证更好的学习效果，MOOC课程的学习视频一般比较短小，从几分钟到十几分钟不等，需要说明的是这些视频不是课堂实录而是为MOOC学习者专门精心设计录制的，而且在视频中安排及时的学习测试，这样能有效保证学生对学习内容的关注。同时这种段视频也有助于学习者对学习进度的把握，也能比较方便地定位到自己的学习位置。

课后一般有需要完成的阅读和作业。作业一般都有完成的截止日期，学习者可有计划地按时完成课程作业。作业成绩可以通过系统自动评分、自我评分、学习者互评等多种评价方式获得学习评估。

课程会安排小测试和期末考试。考试过程中，学习者在规定的时间内参加考试，同时学习者被要求遵守诚信守则，诚实而独立地完成学习、作业与考试。目前三家MOOC运行商都是与Pearon（培生教育集团）的考试中心合作提供有监考的课程结业考试，Couseral还与一家网络考试机构合作研究网上监考技术，包括根据打字节奏判断学习者是否为其本人，以此来保证学习者学习效果的客观评价。

课程项目还开设有讨论组，学习者可以进行在线学习交流。同时还会定期组织一些线下见面会，满足学习者进行面对面的交流活动。

完成课程并考试合格后，学习者可以获得证书。当前，美国教育委员会（The American Council on Education，ACE）已经开始实施相关项目进行课程学分评估，一些高校已经计划开始为Coursera的网络课程提供学分，ACE对MOOC项目的部分课程进行了全方位的考查，在2013年2月7日批准了五门MOOC课程的学分认定申请，并号召美国高校接受MOOC项目课程的学分。随着MOOC的发展，学分推荐服务已经提上日程，这是开放课程项目发展过程中意义重大的一步。利用学分制与传统教育体制进一步接轨，增加了MOOC的教育价值，也大大提升了MOOC的社会认可度。

## 四、我国开放课程建设存在的问题

MOOC项目与我国前期建设的网络精品课程项目都是基于开放教育资源大背景下的独立开发的开放课程项目，秉承了相同的开放共享的理念。但是，在观摩了大量精品网络课程基础上发现我国开放课程在具体执行项目建设的过程中还存在着一些关键问题，正是这些“硬伤”一直阻碍着我国开放课程的深入持续发展。

### （一）资源建设重复现象严重，资源更新频率低

在我国开放课程建设过程中很多精品课程为“评”而建，前期建设的精品网络课程和当前建设的精品视频课程建设项目都是由教育部策划主导，各级高校或顺应上级部门的文件要求，为了功利性的利益纷纷积极建设课程，申报不同层次的精品课程，再由相关的教育行政部分及专家评估组进行评筛选。在课程开发中，各院校“闭门”来搞建设，形成了一种“各行其是，各自为营”的格局。这种独立的资源开发模式使得课程资源缺乏系统性，课程站点多且分散，不利于资源的组织管理，造成大量的资源重复建设。同样一门课程，有不同层次的精品课程，不仅质量上良莠不齐而且浪费了大量的人力、财力。另外，许多课程建设一旦评上精品课程，其后续建设便出现停滞，后期的资源不能及时更新。

### （二）服务和反馈不协调

课程建设好之后，往往只停留在为使用者提供服务的基础上，没有建立网上调查办法及时统计课程使用率和使用者评价。开发者、使用者双方沟通不够，影响了课程的可持续发展；教师之间，师生之间，生生之间的交流匮乏，导致开放课程教学效果不够理想。

### （三）缺乏统一的技术平台与规范

我国的精品课程大多是各个院校独立开发建设的单门课程，大都是由学校统一搭建或购买的课程平台形式各异，功能不一，缺乏统一的技术平台和支持，技术规范难统一。高校网络精品课程在级别上划分为不同等级，“在网络精品课程资源建设上各自为政的现象明显，所以缺乏统一的规范与标准，不能形成一个统一的平台管理，因此不能在高层次、大范围上实现共享和交流。

### （四）开放课程中教学活动的设计不丰富

在网络精品课程建设中，高校教师的建设重点是立体化的教学资源，各种媒体形式的资源非常丰富，极大的满足的学生学习需求。学生学习的自主性和网络环境的弱可控性是网络课程的一大特点。所以说仅仅有丰富的优质资源是不够的。如何保持学生在弱可控性的网络环境中保持其自主性，是教师在设计网络课程设计中要认真考虑的。认为，在网络环境中开展丰富的，不同形式的学习活动是保持学习者自主性及持续学习的重要动力，相对于繁杂的学习资源，学习活动对于学习者的吸引力更强。通过观摩大量的精品课程发现，课程中丰富的、不同形式的教学活动的组织十分匮乏。有些网络课程中涉及活动的设计，但活动种类、活

动数量之少令人惋惜。

### （五）开放共享意识淡薄，课程共享度低

当前，我国教育工作者的开放共享意识相对淡薄，因为，网络课程建设好之后并没有实现文件政策的对优质资源的开放共享，服务于终身学习体系的要求。网络课程的开放共享度低，尤其是相对优质的网络精品课程。经研究证明：在中国精品课程网上提供的课程网址有11.28%是打不开的，在能打开的网址中有一些需要评审平台提供的用户名和密码才能访问，还有一些核心资源只有在校内IP范围内才能访问。这都为使用者带来了诸多不便，同时也大大降低了开放课程资源的可获得性和可利用率。究其原因，大多网络课程的建设者可能考虑到申请的项目基金不足于满足持续的技术支持和管理。但是认为，导致优质资源共享程度低的最根本的原因在于网络精品课程建设者的开放共享意识淡薄，大家大都只愿意服务于本校学生。

### （六）学习评价方式单一、学习反馈不及时

学习评价和反馈是我国网络精品课程的主要瓶颈之一。在精品课程中，对学习者的评价比较单一，虽然在评价方式是形成性评价和总结性评价的结合，但是总结性评价还是以闭卷的传统形式进行考核，但形成性评价占少部分。通过对网络精品课程的浏览发现，大多数课程对学习者的评价上，形成成性评价一般占到30%左右，总结性评价占有70%左右。而且形成性评价形式单一，课后学习测试少，反馈不及时，更多主要体现在学生在课程平台上学习的时间长短。同时，学习反馈不及时。网络精品课程平台上也提供大量的学习支持服务以促进学习者的学习，包括教师答疑系统，课程论坛等，但是这些学习支持服务给予学习者支持的有效性是远远不够的。这样的学习评价和反馈有悖于网络环境学习评价的规律。

## 五、MOOC的资源共建机制及运行模式带给我国开放课程的启示

他山之石可以攻玉，MOOC的资源建设机制及运行模式可以为我国未来开放课程建设提供很好的借鉴和参考，联系到我国前期网络课程建设的实际，从MOOC模式中得出以下几点启示，以期为我国未来开放课程建设与发展提供帮助。

### （一）加深对“开放共享”理念的认识，继续扩大课程共享程度

MOOC项目的建设都遵从知识共享许可协议（Creative Commons），该协议由于其灵活的授权机制而得到广泛应用，使用开放共享协议，作者保留版权，但是允许人们在保留作者的署名并遵守作者在其指定条件的前提下，复制和发行作者的作品。在该协议条款下作者提供自己的作品，并不意味着要放弃版权，而是在某些条件下把版权人的某些权利提供给公众。“而我国网络精品课程资源的建设遵

从的是我国的《著作权法》。作为知识产权的一个范畴，著作权是一种私权，是一种专有权或垄断权，这两种协议或法规出发点和核心目标不同。前者的出发点是保护著作权人的基本权利，核心目标是创用共享后者的出发点是保护著作权人的所有权利，核心目标是版权保护，而不是共享。MOOC课程对所有的人都是免费开放获取的，无论任何人只要注册课程便可进行学习，而我国精品网络课程则不然。

所以，我们对“开放共享”理念的认识还不够，我国网络精品课程的服务对象还只是停留在校本学生，没有很好的向社会大众开放。最终导致我国开放课程的共享程度低，造成大量的优质资源浪费。无论是精品网络课程还是精品视频公开课，其关注度和浏览量均不尽人意。没有真正做到上级部门对建设优质共享资源更好地服务于终身学习体系，构建学习型社会的初衷。因此，未来我国开放课程的建设过程加深对开放、共享理念的深刻认识，进一步扩大开放课程资源的开放共享程度。

**（二）吸引知名高校结成联盟，进行资源共建**

MOOC的资源建设机制是提供技术平台吸引世界著名高校进行优质资源共建，而我国网络精品课程资源建设是各自为营的，而且资源质量层次差距大。借鉴MOOC资源共建模式，我国开放课程资源的建设可以由某一个学校发起，结合其他知名高校的力量进行网络课程的共建。这样结成联盟的知名高校的师资力量更能保证课程资源的质量和先进性。同时，也能有效避免资源重复建设现状及大量的人力、物力浪费。

**（三）加强开放课程中学习活动的设计**

丰富的学习活动的设计和组织是MOOC的精华之一。相对于优质的学习资源，丰富的学习活动的设计对促进学习者的学习更为有效。

黄荣怀教授曾指出“在数字化学习里学习管理系统（LMS）具有从学习资源管理向学习活动管理变革的趋势”，所以网络学习仅仅有丰富优质的资源是远远不够的。有了丰富的学习资源，并不意味着学习的真正发生，要让学习者作为主体去参与，在活动中完成学习对象与自我的双向建构。虽然在流行的MOOC课程的组织方式大都是行为主义模式，但是其丰富的学习活动

的开展在一定程度上突破了行为主义的框架，极大地调动了学习者的兴趣和学习参与性。MOOC项目强大的网络平台和先进的技术手段，提供了一系列的互动反馈活动。平台上丰富的学习支持软件，充实了学习过程，加深了对知识的形象理解。例如，在MOOC平台里，课程教师会以邮件的形式及时通知学习者去共建关于某一知识的Wiki编辑、论坛参与讨论关于某一话题、某一作业或某一测试

题的探讨和交流等学习活动。有时教师也会组织一些线下的讨论交流学习活动。反观，我国开放课程中学习活动的教学设计就黯淡了许多。因此，未来我国开放课程建设中必须要加强学习活动设计，将精心设计的各种学习材料和学习活动有效结合起来，使内容和活动相互促进、相互支持。

### （四）需完善的学习反馈及评价

在学习评价上，MOOC以形成性评价为主，总结性评价为辅，其考核内容包括课后测试、平时作业和期末作业等，评价方式是由教师评价、校友评价及同伴互评组成的三方评价。课后测试以客观题为主，主观题为辅，学习者作答后可以即时的获得正误反馈与讲解；平时的作业以主观题为主，采用同伴互评与教师评阅相结合的方式；在期末考试方面，MOOC采取了一定的有效措施保证了对学习者学习评价的客观性。另外，MOOC网站提供了强大的数据挖掘和分析功能，可以把学习者在MOOC平台里参与的发帖、回帖、博客、WiKi编辑等网上学习历程跟踪记录下来，这些网上学习历程也都参考他的最终成绩考核里。MOOC对学习者的评价内容全面，更重要的是这样的考核方式更符合网络学习评价特征。我国开放课程中对学习者的评价虽然采取了形成性评价和总结性评价相结合的方式，但形成性评价所占比例小，总结性评价所占比例大，而且总结性评价是以闭卷的传统考核方式进行的，这样的考核方式比较单一，不符合网络学习规律。所以，在今后我国开放课程的建设中，应积极借鉴探索MOOC多元的学习评价方式，虽然需要一定的技术要求和资金的投入，但是这种考核方式更符合网络学习评价规律，更能体现网络学习效果的客观性。

### （五）资源的及时更新

MOOC资源的更新较为及时，其资源更新是以周为单位的。按照课程计划，授课教师每周在MOOC平台上及时发放教学资源，包括一些文本材料、推荐参考书、短小的教学视音频等。反观我国开放课程的建设，往往都是建设获评精品课程后，网站的资源及时更新极为少见。在当今迅速发展的信息化社会，知识的增长是爆炸式的，所以我国开放课程资源建设并不能只围绕固有教材或某些知识块建设，后期资源的持续更新和扩展是必需的。MOOC资源更新的方式可以为我们提供很好的思路，定期的发放更新资源并以邮件的方式通知学生及时关注资源的更新。另外，我国网络课程也包括MOOC资源的诸多形式，还有甚之更丰富，视频资源都是较长的课堂实录，大量资源的堆积容易造成学习者的认知负荷，也不能保持学生学习的持久性。因此，在碎片化获取知识的当今，我国开放课程的建设应积极学习MOOC视频制作和发放的方式，重新精心设计和制作视频资源，但要注意的是，“在制作课程视频时，可以以动态的、非完整的、不系统的方式多样化传播，不能满堂灌。”

### （六）规范资源技术平台

MOOC的几大项目，如Udacity，Coursera，edX均有自己的课程发布平台，但是各个平台的规范性上保持一致，而不是各自为政。我国开放课程资源大都散布于各个高校自己建设的课程网站上，缺乏统一的技术平台和支持，不能形成一个统一的平台管理，因此不能在高层次、大范围上实现共享和交流。借鉴MOOC技术平台的模式，我国开放课程建设过程中高校之间，如果能制定相关的规范协议，不断协调合作机制，便可有效整合精品教育资源，实现大规模的交流共享。完全可以尝试开源软件Moodie作为我国开放课程的发布规范管理平台，其实Moodle.org就是一个典型的MOOC网站，其中有成千上万的参与者，其中的论坛则有不计其数的人在相互交流、相互帮助，当然Moodie的一些优势也可以支持外嵌入一些社会交互软件，以满足学习者的社会交互多样性的需求。令人高兴的是2013年8月20日Moodie官方网站发布了《Moodle launches its first of ficial MOOC with teachers in mind》这样一条新闻，随后开启了对MOOC平台的可行性实践探索。

# 第三节 后MOOC时代高校博雅课程教学新模式研究

## 一、“后MOOC”时代的内涵阐释

### （一）后MOOC时代的缘起与特点

自2012年“MOOC元年”开启之后，大规模在线开放课程在全球范围内得到了迅速发展，尤其美国著名大学及其教授创办的Udacity、Coursera、edX三大主流平台，成了引领MOOC建设的先导者，随后欧洲、亚洲等国家也纷纷开始了MOOC平台建设，如2013年10月我国清华大学MOOC平台正式上线，旨在打造全球首屈一指的中文大规模在线教育平台。2014年5月，56所地方高校UOOC（优课）联盟（即地方高校MOOC联盟）在深圳成立，全国地方高校UOOC（优课）联盟将整合校际优质教学资源，形成优质课程共享机制。MOOC在得到迅速发展的同时，其自身存在的一些不可避免的问题也日益显现，如没有规模限制、无法进行学分认证、师生不能进行深入交流等不足难以得到有效解决。

2013年7月30日，美国EDUCAUSE学习行动计划负责人Malcolm Brown发表一篇博文“Moving Into the Post-MOOC Era”，认为MOOC已呈现以下三种现象：一是教学方式（学习方式）由自主学习正在向混合学习、协作学习和翻转学习等发生变化，二是MOOC主流课程平台由功能简单向功能全面转变，三是MOOC课程的学分认证与学分互认日渐成为可能。Malcolm Brown认为以上现象表明MOOC的发展已经进入了“后MOOC”时代，从他提出的观点可以看出，“后MOOC”时代的在线课程应该具备以下特点：一是教学方式或学习方式日益呈现多元化，二是学习支持服务功能更加完善，三是课程内容更能贴近校园学习者的需求，四是学习评价更加注重过程性评价。

### （二）“后MOOC”时代在线学习新形态——SPOC

“后MOOC”时代出现了SPOC、Meta-MOOC、DLMOOC等一些在线学习新样式，祝智庭教授等人对这些新样式的内涵进行分析，认为其产生主要有以下两种动力：一是受MOOC启发派生出的新种类；二是针对MOOCs存在的某些不足尝试创建的新模式。目前SPOC（小规模限制性在线课程）深受教育界和学术界看好，被认为是一种典型的在线学习新形态，因为它创建的混合学习环境不仅能够融合传统课堂教学的优点，而且弥补了MOOC的不足，并且充分体现了“后MOOC”时代开放课程的发展趋势。从课程特征来看，MOOC的复杂自组织机制使其具备后现代课程的特征。需要指出的是，虽然当前学者们对“后MOOC”时代的看法仍然存在分歧，如美国哈佛大学罗伯特·卢教授指出，SPOC已经取代了MOOC，正在迈入后MOOC时代；而南京大学桑新民教授则认为，从学术的视角辨析这种说法有失科学性，SPOC确有对MOOC的批判和超越，但更应该看作对MOOC的补充和完善，将此判定为MOOC之后的一个新时代，显然有失偏颇。本文认为，SPOC是MOOC后续发展的一种具有代表性的在线学习新形态，更能贴近校园学习者的需求特征，尝试运用“后MOOC”的思维来不断推进在线教育，使其能够更好地服务于当前各个教育学段，这样才更有应用价值和实际意义。

## 二、“后MOOC”时代高校博雅课程教学模式新变革

### （一）高校博雅课程传统教学模式的优劣势分析

博雅教育是专业教育的基础，并和专业教育一起构成培养人才的基础，它对提升学生人文素养与综合素质具有重要促进作用。目前，高校开展博雅教育的基本途径是通过教师课堂教授博雅课程（也称“通识课程”）的方式得以实施，课程性质主要以公共必修课或者选修课为主。通过深入分析高校博雅课程的传统教学模式，我们认为其存在以下优势：一是传统课堂教学能够促进师生的互动交流，二是课堂教学具备良好的知识直观效果，三是学生之间能够密切协作和互相帮助。

但是，由于目前博雅课程在整个专业课程体系中地位不高，因而往往难以引起师生的充分重视，在传统课堂教学模式中仍然存在一些问题，如教师对选修课程教学准备不够充分，学生学习选修课程的积极性较低，并且课程的考核评价体

系相对简单，所以博雅课程教学难以取得理想的教学效果。因此，高校博雅教育的质量难以取得预期成效，未能从根本上促进大学生人文素养与综合素质的有效提升。

### （一）MOOCs给博雅课程教学模式变革带来新机遇

MOOCs的迅速发展给高等教育带来了深远的影响，对传统教学模式与学习方式变革具有积极促进作用。MOOCs的优势是课程内容优质丰富、免费开放，能够体现学习者的主体地位，因而深受在校大学生的喜爱。MOOC课程设计也逐渐体现出对学习者个性化学习方式的支持，主要以课程前测和问卷调查为主了解学习者的学习目标和学习计划，并设置不同层次的完成要求。

在Udacity、Coursera、edX三大主流学习平台和中国的大学MOOC学习平台中，有大量的博雅类在线课程资源，学生可以随时随地选择自己感兴趣的课程进行学习。这也给高校开展博雅教育带来了新的启示，要提升博雅课程的教学效果，可以合理利用目前丰富优质的MOOC课程资源。一方面鼓励学生直接学习MOOC平台中提供的课程，另一方面设计开发符合本校特色的在线开放课程资源，供教师教学或者学生学习使用。例如，我国目前有多所著名高校已经加入MOOC建设中，它们正在尝试对学生学习在线开放课程实行学分认证或者学分互认，这是一项很有实际意义的教育实践探索。

现代博雅教育是为培养学生的学习欲望、训练批判性思维、有效交际以及公民义务的能力而建立的高等教育体制，它的特色是有一套灵活的课程，允许学生自主选择，要求学习不仅要有深度还要有广度。博雅课程通常以人文素养、艺术类课程为主，课程的学习方式可采取学生自主学习为主，因而适合开设在MOOC平台中。随着MOOC的后续发展与不断完善，SPOC在线学习新样式的出现，它们为高校开展博雅课程教学带来了新途径。高校可以自主建设本校的SPOC课程，让学生在校园内运用“线上学习、线下讨论”的翻转课堂方式来学习博雅课程，同时充分调动师生的主观能动性，从教学模式和学习方式上对传统博雅课程教学方式进行革新，以实现从根本上来提升高校博雅课程的教学效果。

# 第五章　计算机应用技术SPOC混合式教学模式研究

## 第一节　高校计算机从MOOC到SPOC教学模式创新研究

### 一、从MOOC到SPOC——两种在线学习模式成效的实证研究

#### （一）研究问题及其背景

1.研究背景

教育信息化的深化，为教学模式的变革提供了很好的物质基础和支撑平台，基于因特网的各类新型教学模式如雨后春笋般快速萌芽并成长起来，MOOC（Massive Open Online Course，即大型开放式网络课程）教学、SPOC（Small Private Online Course，即小规模限制性课程）教学、FCM（Flipped Class Model，即翻转课堂）等不断地冲击着一线教师的大脑，迫使一线教师为适应教改目标而不断地调整着自己的教学方法和教学习惯。

自2003年教育部启动国家精品课建设项目以来，国家已投巨资建设了2000多门国家级网络精品课程。与此同时，省市级精品课、校级精品课的建设数量更是不计其数，已经覆盖了学校教育的全部门类和学科。自MOOC概念出现后，哈佛公开课、耶鲁公开课等国外名校的MOOC课程开始进入国内，清华大学、北京大学和北京师范大学等名校都不约而同地启动了MOOC课程的建设。

从精品课程、MOOC课程的建设目标来看，其成果将会为全民提供最优质的学习环境和教育资源，实现“人人都能在家里上哈佛”的梦想，能够从根本上改变原有的教学模式，大幅度地提升公民受教育的水平。有的学者甚至提出了“MOOC可以逐步取代学校教育”的设想。然而，在线学习真如学者们预期的那样

真实地发生了吗？

2.在线学习真的发生了吗；

随着MOOC教学模式的普及，MOOC的局限性也日益呈现出来。与精品课程建设、MOOC课程建设的轰轰烈烈相比，在线学习的效果却差强人意。从精品课程和MOOC课程的实际应用情况看，很多课程的点击率很低，大量课堂实录视频几乎无人问津。即便学籍隶属于网络教育学院，专门接受在线教育的学生，对其所在教育机构强制要求的网络课程，也远远达不到预期的访问量。这一现象导致的直接后果是：

（1）学生们总是感觉基于在线学习环境习得的知识和技能不够扎实；

（2）在参与招聘或职位竞争时，通过网络教育获得学历和学位的毕业生也常常遭受能力方面的质疑。

这不得不引起研究者的思考：网上的自主学习真的发生了吗？在线学习的成效到底如何？我们的学生到底需要什么样的在线学习环境？这是教学研究者必须正视的问题。在这种情形下，国外的学者又给出了一个与MOOC教学相对应的新概念-SPOC，提出了“一种面向学生个性特点的小规模私人化在线课程”理念。这一理念能否解决当前在线学习所面临的困境？

3.国内外研究现状

MOOC是以在线网络课程为基础，吸纳不同地域、不同类型和不同知识层次的学习者参与到网上学习环境中，并把这些学习者组织到一个共同的学习社区内，促使不同地域的学生通过Internet实现在不同时空的社会知识建构，MOOC为教育资源的共享和教育公平提供了一线曙光。因此，MOOC一经出现，就受到众多教育工作者的关注。MOOC概念于2009年开始出现，至2012年成为热点词汇。通过CNKI检索国内学术论文，发现了2000多篇与MOOC相关的文章，自2010年的2篇至2015年的1300多篇，论文的总量逐年上升，反映了MOOC在教育领域的热度。从已发表的论文看，探索以MOOC支持学科教学的研究占了很大的比例，大约占到4成；探索MOOC对当前教改所产生影响的研究大约占2成，分析MOOC应用技术的研究也有一些，大约占1成左右；还有学者从MOOC特色的视角分析了MOOC在学习支持方面的利与弊。总之，多数学者都肯定了MOOC在教学中的价值，并从不同的视角开展了比较系统的研究。

SPOC则是近两年出现的新概念，它是在MOOC基础上，针对MOOC的不足而提出的在线学习形式。SPOC强调，要针对学生的个性化特点开展教学，向学生提供小规模且私人化的在线学习环境。它是以满足面向学生的个性化特征，并有针对性地对学生进行管理和控制的一种在线课程形式。对SPOC模式的探索，自2014年开始出现，在2014年2017的3年时间中，只有60多篇文章发表，而且多数文章都紧密地与MOOC概念结合在一起。其中，康叶钦于2014年发表的文章《在线教育的“后MOOC时代”-SPOC解析》和徐藏等于2015年发表《从MOOC到SPOC-基于加州大学伯克利分校和清华大学MOOC实践的学术对话》都产生了比较大的影响，反映了SPOC研究的主要观点、特征和研究视角。而贺斌、曹阳的论文《SPOC：基于MOOC的教学流程创新》则阐述了以MOOC为基础的SPOC的新特征。

### （二）研究设计与实施

1.研究流程的设计

思辨的方式不能论证MOOC和SPOC对在线学习效果影响水平的问题，只有基于一线学生的个体体验并借助其中学习资源，真正参与到学习活动中的质量与频次等客观数据，才能较科学地论证“学生是否已借助学习平台真正地开展了深度学习?”“学习平台（MOOC和SPOC）是以何种方式为学生实现知识建构提供支持的?”“学习平台的类型是否会对学生的最终学习效果产生较大的影响呢?”等问题。

为此，本研究制定了以下研究流程首先，分别按照MOOC和SPOC规范，组建学习支持平台，并安排知识水平和学习风格没有显著性差异的两组教学班，分别基于这两类平台展开学习。然后，针对上述两组教学实践，从三种不同的渠道获得其第一手数据。其次，利用数据分析手段，探索影响学习效果的关键因素。最后，基于前述研究结论，总结其中存在的问题和疑惑，开展第二轮的教学实践，以便对研究结论进行验证，保证研究的严谨性和科学性。

在这一过程中，数据的采集非常关键，其覆盖面和客观性对研究结论具有重要影响。本研究所采集的数据主要包含三个方面的内容：（1）来自调查问卷的数据和访谈结论，获取学生对两种教学平台的主观体验；（2）采集两个年度的完课率数据，进行学习成效的总结性评价；利用平台跟踪学生使用教学视频和自测习题的情况，获得客观数据，以便进行学习成效的过程性评价；（3）采集学生们的考试成绩和学业作品，作为评测学习成效的最终客观数据。

2.相关概念界定

（1）LSS的概念

LSS即Learning Support System，也叫Learning Management System，即学习支持系统，泛指可以为学习活动提供支持的网络平台，此平台通常为“浏览器—服务器”模式，至少包括学习资源管理、学生管理、作业管理等功能。MOOC教学和SPOC教学的开展，都需要植根于LSS平台之中。在本研究中，把基于MOOC理念的LSS称为MOOC型LSS，而基于SPOC理念的LSS则简称为SPOC型LSS。

（2）MOOC的概念

MOOC是Massive Open Online Cours的缩写，其含义为大型开放式网络课程。MOOC以基于因特网的在线课程为基础，借助互联网的开放性为学生提供学习资源，从而为学生提供一个不限时间、不限地域的学习环境。由于，MOOC通过因特网进行传播，它对参与学习的学生是没有限制的，因此，MOOC是一种开放的教育形式。另外，处于MOOC平台中的学生多数采取异步学习模式，由学生自主选取学习资源并确定自己的学习进度，所以它又是一种典型的“以学为中心”的、基于e-Leaming理论的学习模式。在具体教学实践中，MOOC学习资源和MOOC教学活动的组织都必须借助于LSS平台，以MOOC理念为指导的LSS被简称为MOOC教学平台，或MOOC型LSS。

开放性是MOOC的最大优势。MOOC的出现，能够把世界范围内、想学习某一内容的学生组织到一个共同的学习社区中，从而促使他们超越地域障碍，通过因特网实现不同时空的社会性知识建构。

在基于MOOC课程的学习社区中，尽管参与者的身份千差万别，学习习惯和认知风格也很不相同，但他们都是基于对同一课程内容的兴趣而组织到这个虚拟共同体之中的。

（3）SPOC的概念

伴随着MOOC教学实践的推广，MOOC的局限性也日益明显。对MOOC而言，以不设“先修条件”和不设“规模限制”为特征的开放性，既是MOOC的优势，又是其局限性所在。香港大学的苏德毅教授分析了MOOC不足，他指出，由于不设先修条件，导致在MOOC课程中，学生的知识基础参差不齐。如果有过多知识基础薄弱的学生参与到MOOC课程中，就会导致MOOC的完课率很低，这不仅损害了学生的自信心，也影响了教师的教学积极性。

基于MOOC存在的问题，促使教育工作者进一步反思在线学习的组织模式和管理形式，“必备的知识基础”、“规模限制”和“个性化支持”成为在线课程开发者必须重新思考的问题。基于此，福克斯教授提出了SPOC的概念。SPOC是Small Private Online Course的简称，它是相对于MOOC概念而提出来的。其中“Small”相对于MOOC中的Massive，Small第三节从MOOC到SPOC——一种深度学习模式建构限制了学生的规模，要求每个学习社区的参与者不可过多，这有利于教师管理；而Privat。则相对于Open而言，是指课程内容与学生的匹配性、针对性，即对学生设置必要的准入条件，只有知识基础达到基本要求的申请者才可被纳入到SPOC课程中。

# 第二节 高校计算机SPOC混合式教学模式研究

## 一、SPOC高校混合式教学新模式

### （一）SPOC及其特点分析

针对“围墙内的课程”，SPOC在完成MOOC与实体课堂教学的结合过程中，相比于传统课堂教学和方兴未艾的MOOC} SPOC体现了诸多新型的特点。

一方面，相对于传统课堂，SPOC采用的MOOC资源往往由经验丰富的教学团队来制作，在制作质量、知识点固化等方面都有优势，对于高校大课来说，这可以避免多名教师教学水平参差不齐的问题。而开展SPOC教学的教师不一定是MOOC视频中的主角，也不一定需要准备每节的课程讲座。这就将教师从传统的“背课”中解脱出来，把精力投入到课程深层知识的挖掘中。根据学生需求整合各种线上和实体资源，从而保证在实体课堂面授教学环节可以游刃有余地激发学生研讨，攻克学习难关，提升教学效果。同时，SPOC的自动评分系统真正做到了对学生全学习流程的跟踪和考察，解放了教师从事重复性活动的时间，使他们能够腾出精力来，从事具有较高价值的活动，例如和学生一起深入研究、攻克学习材料，解决学生可能遇到的问题等。

另一方面，相对于MOOC教学，SPOC方便了教师与学生面对面的交流，面对面交流能产生“有温度有接触”的教学感。传统课程中的一些学习方式具有不可取代性。福克斯教授认为“那些看起来不能做成MOOC的学习行为，如讨论式学习、开放式项目设计等，我们就应该在MOOC中直接省略它们，并将它们继续沿用在课堂教学中”。SPOC让教师更多地回归校园，教师的精力可更加集中于翻转课堂，成为真正的课程掌控者。课堂上，教师是指导者和促进者，他们组织学生分组研讨，随时为他们提供个别化指导，共同解决遇到的难题。还有对学生的约束性更强，从线上的点击率和课堂的研讨问题等多方面督促学生紧跟课程。而MOOC松散的学习模式容易滋生学生的惰性。

当然SPOC也存在一些缺点。相对于传统课堂，固化的SPOC视频使得学习方式缺乏灵活性，无法体现教师因材施教，不过这可以通过翻转课堂来适当弥补。相对于MOOC来说，SPOC缺乏与更广泛的学生和老师交流的机会。巨大的MOOC论坛使他们能够获得更多关于问题与挑战的反馈信息，这是SPOC不具有的优势。

### （二）SPOC实施流程

本文从教师的角度出发对SPOC的实施流程进行总结。按照SPOC教学实施的完整流程，第一阶段是前期准备。首先是前端需求分析，即对授课对象、学习内容和学习环境进行分析，进而根据需求来进行课程设计，做到有的放矢。其次是SPOC学习资源设计与开发，包括视频资源选择与自主创建，至此准备阶段结束。之后进入到开课阶段的具体实施过程，包括课前预习、在线学习、翻转课堂、课后复习、考试五个环节。由于SPOC具备自动评分、虚拟讨论区、面对面课堂的综合优势，使得它更加方便采用问题驱动和反馈评价相结合的教学方式。

在课前预习中，通过布置任务单，提出启发性问题，让学生带着问题进行学习。在线学习时，充分利用MOOC平台的强大功能，既有每小节视频之后的MOOC平台测试题，又可以通过虚拟讨论区由学生提出问题，由其他学生或老师进行答案反馈，使学生逐渐内化知识点。MOOC平台可自动进行大数据分析，对学生的MOOC平台测试结果、讨论区问与答情况进行分析，为翻转课堂设计提供直接的数据反馈。进而教师可在翻转课堂布置讲解题，以回答学生的共性问题，或布置研讨题，进行知识的深化应用等。学生可组成小组进行研讨辩论，最后小组间互评打分。教师可根据课堂的教学效果，布置进一步的课后复习题，巩固和深化所学知识。学生课后可重复观看在线视频，查阅资料，进一步内化知识点，并可通过讨论区交流。最终通过集中考试的方式，检验学习效果。MOOC平台测试成绩、翻转课堂互评成绩、考试成绩三者加权，形成综合成绩，可为下一轮SPOC课程的迭代优化提供数据支撑。

## 二、SPOC混合学习模式设计研究

### （一）SPOC应用于混合学习的优势

正如Armando Fox教授所说，SPOC是MOOC用作课堂教学的补充，可有效加强教师的指导作用，增加学生的通过率、掌握程度以及参与度。对SPOC和混合学习的研究表明，利用SPOC可有效开展混合学习，将SPOC应用于混合学习具有如下优势：

1.课程立足于小规模特定人群，易于服务高校教学

SPOC通过缩小课程规模，从众多申请者中选取少量适合的学生，保证了学生具有较为相近的知识基础和学术水平，从而有助于提供针对性更强、力度更大的专业支持。如哈佛大学在edx平台上开设的“版权法”课程，要求学生提交个人信息，撰写小论文说明申请原因，并保证学习时间和学习强度，即每周至少保证8小时的学习和讨论时间，参加每周80分钟的在线研讨，最终费舍尔教授从全球申请者中，挑选出500名学生参加该课程学习。实践结果表明，对申请者限制性准入利于实现个性化教学目标，增强学生学习动机和学习参与，提高教学质量。

2.完备的课程模式和平台设计，可有效降低混合学习难度

SPOC包含丰富的全媒体学习资源，充分利用成熟的社交媒体，能够为学习者提供学分认证和课程证书，其完备的课程模式吸引了众多学习者的参与。SPOC课程可依托MOOC平台进行，还可改善原有MOOC平台功能。如加州伯克利分校的“软件工程”课程增设了平台自动评分功能，学生在课程学习过程中，可以在线提交编程作业或者在云端配置应用程序，自动评分功能会同时测试代码的完整性和正确性，并很快提供关于代码风格的反馈，显示详细的评分结果，学生可获得更细粒度的信息反馈。SPOC完整的课程模式和先进的课程平台为混合学习的顺利开展提供了保障。

### （二）基于SPOC的混合学习模式设计

基于SPOC的混合学习模式是面对面课堂教学模式和SPOC线上学习模式的融合创新。本研究根据混合学习内涵、建构主义学习理论以及系统化教学设计理论，提出设计原则，并在这些原则的指导下进行模式设计。

建构主义学习理论认为，学习过程不是被动接受信息刺激的过程，而是学习者主动建构知识的过程。学生在混合学习中提出疑问、发表观点，主动参与过程，正是学生知识建构的过程。因此，在SPOC混合学习模式中，各部分的构建要以充分发挥学生的主动性为核心；学生作为知识建构的主体要增强主动学习意识，自主安排学习进程。

在有意义学习情境中，问题的解决往往需要相互协作完成，有效的交流能够极大促进学习者对知识的意义建构。因此，基于SPOC的混合学习需要学习者进行线上线下的互动交流。学习者利用SPOC课程资源，通过个人或小组协作的方式共同解决疑难问题，这也是学习者由被动的知识灌输对象转变为学习活动主体的必然途径。

## 三、SPOC混合教学模式在高校计算机课程中的应用研究

《计算机文化基础》课是高职学生入学后的必修课程，对学生信息素养的提升有重要的意义。传统的《计算机文化基础》课采用讲授法进行，存在课时数量紧张、教学内容陈旧、考核方式固定、实践练习短缺、师生交互基本为零等一系列问题。将SPOC应用于高职《计算机文化基础》课程，为上述问题的解决提供了一把金钥匙。

### （一）《计算机文化基础》课程分析

《计算机文化基础》课程的重要特征在于：讲练结合，理论知识点松散，类似于数制转换、汉字编码、计算机硬件系统和软件系统等内容又有难度，记忆起来

比较困难；操作知识点细微繁杂，仅凭课上教师的操作讲解无法全部掌握消化。整本书分为五个章节：计算机基础知识、Windows 7操作系统、Word 2010的应用、Excel 2010的应用和PowerPoint 2010的应用，+2+3的格局分布彰显了《计算机文化基础》课程中实践部分的重要性。

大部分高职院校的教师在授课过程中延续“填鸭式”教学，整堂课以“讲解+操作演示”为主线展开，教学内容更新缓慢，无法跟上时代的步伐，考核方式也比较固定，均采用无纸化题库系统。教师自始至终站在讲台上讲，学生从头到尾坐在座位上听，学生在看教师演示的过程中记不全所有的步骤和操作要点，容易忽略细节，继而在后续操作过程中卡壳，产生畏难情绪。教师在讲解知识点和操作要点的时候往往会花费大量时间，如此学生剩余的练习时间就非常有限了，在课堂上常常不能按时完成教师布置的任务，需要自己在课下额外花时间完成，而学生在练习过程中遇到困难得不到及时的帮助，便会打击学习积极性。鉴于以上原因，导致传统教学模式下的学生学习不够深入，多半仍停留在模仿层面，难有创新。这样的情景在高职教学中已成常态，整节课的节奏由教师掌控，课程进度也由教师安排，形成了以教师为中心的教学结构，这与学习方式日趋多样化和个性化的时代背景相悖。如果我们的教学仍然停留在以教师为主体的“灌输”层面，最终必然会导致学生身心疲惫，继而产生厌学情绪。

### （二）高职院校学习者特征分析

高职院校的生源比较复杂，既有普通高中毕业生，口高职学生和五年一贯制学生，学生的学习基础不同，又有中专、职专考上的对社会体验不同，对于计算机知识的掌握程度和操作能力也不尽相同。高职院校属于专科层次，高考录取分数相对较低，学生普遍文化课基础较差，自制力不强，自主获取信息的意识较弱。

学习态度欠端正，缺乏学习兴趣。从学生的计算机水平方面来说，由于中小学阶段信息技术课程课时量有限，所以学生的计算机水平并不理想，而且存在较大差异。此外，基础差的学生对计算机的学习存在畏难心理，需要教师反复操作演练讲解，而基础好的学生很快就能完成任务，剩余时间无所事事，两极分化比较明显，教师往往不能两头兼顾。

### （三）SPOC应用特征分析

SPOC模式框架包括：线上学习和线下学习两个部分，具体到教学设计中又可细化为：课前、课中和课后三个阶段的学习。无论如何划分，SPOC模式的落脚点在于分解课堂教学任务，将部分内容转移至课外进行，构建符合学情的教学流程，高质量地完成所有教学内容。

首先，针对《计算机文化基础》教学中课时量不足的问题，SPOC模式将整个教学活动进行了分解，课下以学生自学为主，教师指导为辅；课上以师生互动为主，教师答疑为辅。教学活动的分解实质上增加了学生的学习时间，课下学习部分对整体教学活动起到了补充、深化的作用。其次，传统的《计算机文化基础》教学弊端明显，陈旧的授课内容已不能满足未来学生就业所需，过去的讲授法在移动学习和泛在学习的时代背景下也渐渐被逼退教学舞台，社会的发展更加强调未来人才必备交流合作和解决问题的能力，由此，SPOC模式携优秀的学习资源闪耀登场，各个教学环节的设计均凸显了学生的主体性地位，从不同专业的倾向领域、不同难易程度的教学内容、不同学习水平的学生等视角出发，突出对每个专业班级甚至每个学生的个性化定制。以小组分工协作、课下自主学习、课上交流汇报等形式培养学生的合作能力、思维能力及解决问题的能力。最后，针对高职院校学生学习能力不强、自控能力较弱的问题，SPOC模式在教学设计中格外注重教师的监督和指导作用，课前环节主要是学生进行自主学习，师生通过QQ群平台提问交流；课中环节以学生汇报、演示为主，教师的任务是：补充讲解和点评总结；课后环节以学生总结、练习为主，此时教师依然扮演着辅助者的角色。可见，在整个教学过程中教师是全程陪伴学生的。

## 四、SPOC混合式教学模式实施问题解决研究——以《PHP程序设计》课程为例

SPOC的概念以及在教学中所体现出来的优点，大家已经有更多的共识。目前的关键问题是更多进入到真枪实弹的大规模的应用阶段，并在实践过程对所遇到的问题是怎样解决的，对后面实施或许更有现实意义。所以结合基于SPOC课程模式的计算机网络课程在实践过程中遇到的相关问题及解决方法与大家分享。

SPOC课程是由线上和线下（课堂）两个不可分割的部分组成，这一点与MOOC、远程教育等还是有区别的。因此要开展SPOC课程教学必须有线上与线下两个大环境的支持，缺一不可。这就决定了开课教师要想开展教学，就必须获得一定的外在支持，否则很难不走样地完成SPOC的教学过程。要获得的外在支持主要表现在如下几个方面。

SPOC的线上学习环境是以学习网站的方式作为支撑平台的，但这种网站与常规形式的学习网站有明显区别，比如它要具备对学生学习时间、内容、问题回答、即时测试、即时问题回答、学习能力结果分析以及线上综合成绩评定等功能。这些技术性功能实现，对一个开课教师来说，几乎是不可能的事情，况且老师的主要精力以及注意力也不应当在此。我们计算机网络课的线上平台是由从事网络教育的软件开发公司来完成的。线下用到的相对固定的环境（如多媒体教室）等的支持，由学校、系院协调完成。

### （一）获取学校层面课程教学改革立项资金的支持

我们开展的基于SPOC模式的计算机网络课程教学就是西安文理学院课程教学改革立项，支持经费为5万元。对于没有立项支持的可建议学校将SPOC课程教学改革作为学校课程改革立项以获得支助。

### （二）获得二级学院或系的支持

现在许多高校将类似教学改革费用分配到系院，由系院自己根据教学改革、课程建设情况进行支配，因此可申请系院的支持。

### （三）获得社会从事教育资源与软件开发公司的支持

在我国大力推进“互联网+教育”的今天，许多从事教育软件开发以及线上教育资源建设的单位、公司，也急需与高校合作开展SPOC课程的网上平台开发与建设。一些公司为了在学校打开渠道，展现自己网上平台功能特点，或许会无偿或以较少费用来完成SPOC线上平台的开发。因为对一个SPOC线上平台来说，课程可以不一样，但平台往往具有一定的通用性，因此对公司是有一定吸引力的。

### （四）租用已有的SPOC线上平台

现在一些公司已经开发了自己的SPOC在线平台为大家提供服务，学校SPOC课程实施者可以租用已有平台，把自己课程各种类型资源放上到此平台上去，同样可以导出相应的线上学习信息。从短期来看这种方式不失为一个好的选择，但从长远来看，同样要支付租用费用，并受到使用年限的限制，受制于人且不同课程所体现的个性化需求也受到一定的限制。

### （五）获得线下环境的支持

线下环境由学校内部解决。SPOC的线下课堂教学并不能完全脱离线上，线下老师在课堂也会随时用到线上平台，所以线下环境除了教室应当具备的基本条件外，能方便连上学校的局域网或互联网等。对开课班来说，该课程每次上课必须保证在此相对固定的教室或环境中进行。一般在下学期开课前，要以系院形式在本学期末向学校教务处提交相关SPOC课程安排要求。以便教务处进行统筹安排，避免发生冲突，影响正常开课。

# 第六章 计算机应用技术教学设计改革与实践研究

## 第一节 学生

采用“设计”这个的动词来对待学生似乎不恰当。但是，如果从“学生、教师和任务是课题教学的三要素”这样一种理念来考虑，教师就必须琢磨自己施教的对象设计学生就是在全面了解他们的基础上，充分发挥学生的个性，调动学生的积极性来实现教学目标。

### 一、关注学生的专业发展，提高学习的质量

#### （一）针对学生的专业方向，满足学生的就业需求

在给一个游戏软件专业的班级上“编辑图形”课时发生了“罢课运动”原因是学生们对这样的教学内容不感兴趣，他们的兴奋点仍然停留在上节课的绘制程序流程图上，什么地方需要画菱形图？什么时候需要循环？这些问题关系到将来的实际工作，至于把简单图形旋转、组合，或排列等问题与流程图关系不大，因此他们提出让老师换一下教学内容，教他们怎样画流程图。下课后，的思绪仍然纠缠在学生的要求之中，学生的要求过分吗？老师的教学思想不对吗？怎样做到两全其美呢？在教科书中找到一段小程序，参考它认真画起流程图来，由于是在Word中画图，Word“绘图”工具的各种功能几乎都派上了用场。解决矛盾的思路逐渐地在头脑中产生了，何不设计这样一个“编辑图形”的教学任务：先教给学生读懂一段程序，然后让他们利用Word“绘图”工具的“编辑图形”功能绘制该程序的流程图。这种做法是建立在“适合学生的就业要求”基础之上的，体现了以能力为本位的教学设计思想。

设计思路在为“程序设计”专业的学生设计“绘图”工具软件中“编辑图形”一节课的教学方案时，遵循了这样一些教育思想：在文化课堂上为专业课奠定基础；在技术训练中得到文化思想的熏陶；在教学中增长自学的能力。编辑图形无非包含绘制简单图形、插入图形、旋转图形、移动图形，缩放图形、组合及拆分图形等，对于程序设计专业的学生来说易如反掌。考虑到由于轻视而产生敷衍了事的学习态度，决定以专业需要作为切入点，用专业技能与基础知识结合作为激发学生兴趣的手段，提高学生学习的主动性，具体任务是让学生利用“绘图”工具栏上提供的各种工具和图形素材，绘制并编辑“射击”游戏的程序流程图，这里有意设计了10个分支环节，由此需要10个菱形框、10个箭头、10个“N”和10个“Y”相配合，才能构成一个完整的程序流程图。针对这么多相同图形的操作面临主要的问题是需要掌握选定和排列多个图形的巧妙方法，如使用“选定对象”工具，或通过按下Shift键再单击要选定的图形，都可以选定多个图形。但使用的场合不同，得到的体会也不尽相同。另外，先绘制一部分图形，再复制出多个图形，并组合在一起是一种有效的思维方式，但需要许多操作技术来配合，如图形分布、移动、组合与拆分等操作都需要动脑筋才能实现。可见，这样设计的任务既能学习基础知识，又能够训练专业技能，还可以优化思维方法。

实现过程：首先让学生们口述该游戏的操作规则及游戏情节，然后将其用文字写在黑板上，最后，再让学生们按照对游戏的文字描述绘制程序流程图。与此同时，对流程图的绘制规则，以及对图中各种要素所代表的含义都做了比较规范和详细的解释，此举必定是超前行为，提前接触并了解到编程必定要经常打交道的“流程图”，为软件设计专业的学生将来学习专业课开了个好头。

在绘制流程图之前，要经由的一个必要环节是对软件进行“翻译”，即把游戏用户对游戏属性和操作规则的理解解释为编程术语，比如哪里是顺序执行？哪里需要循环语句？哪里需要采用分支结构？以及确定一些主要的陈述语句。如何绘制循环结构程序的流程图呢？这个问题本来应该留给程序设计教师在后续的专业课中进一步探讨，但是，有的学生已经对这个问题提出了质疑。由此，索性给完成任务快的学生再布置一个任务，就是用循环结构替换具有10个分支的分支结构，不过，需要教师补充一些有关循环程序设计的相关知识，为程序结构设计教学任务的顺利完成铺垫一些必要的知识。在绘制流程图的过程中，学生们可以学习到许多图形编辑方面的知识和技能，比如，在图形框中插入文字前需要减小文本框的内部边距，目的是缩小该框的整体尺寸，以便使整个流程图更紧凑、更协调；选定多个菱形的多种方法；采用“对齐或分布”操作，使10个菱形均匀排列成梯形；同时改变10个菱形的宽度，以便绘制两个菱形之间的流程线；菱形与箭头组合，以便在对齐提作中能够统一排列；还能够学习到图形的旋转等操作技术。

### （二）注重自学教育，留给学生更多的发展空间

长期的教学实践使我们体会到这样一个道理：不但要了解学生的知识、技能基础，还要了解学生的性格和兴趣，这样才能获得设计教学任务的重要依据，为确定教学流程和确定教学方法提供可靠的依据。

基础知识都比较枯燥。Windows窗口的组成和操作就是相当重要的基础知识，能否带领学生走好这段基础路程，在时间和空间上，都将决定学生应用计算机的水平，如果教师单调地讲，学生枯燥地仿，势必使学生产生厌倦的心理。所以，总结出“二不讲”的原则，即没用的不讲，学生会的不讲，学生自己能够摸索出来的不讲。根据这样的原则，模仿拼积木的思路精心编排窗口操作的实验题，通过缩放、开关及移动窗口等一系列操作，把多个小窗口平铺在一个大窗口中。这项工作看起来简单，实现过程却需要细心、精心和耐心来配合，这项智力技能与耐力的较量，使学生对窗口产生了浓厚的兴趣。

如何根据实际情况编制训练题，如何提高学生的自学能力，是教好计算机课的新课题。“抱着走不如领着走，领着走不如放开手遵循这样的原则，对高年级的计算机课进行了相应的探讨与尝试后，得出这样的结论：基础教学领着学生走，操作训练放开教师的手。在进行了一段时间的“领着走”之后，学生的本事大了，对那种“首先、然后”口令式教学模式已经厌倦。只有在恰当的时机让学生独立学习，才能达到既让学生自己走路，又避免学生摔跤的教学效果，放手容易，走好难。除了前期的基础教育之外，在“放手”阶段，要特别注重教师讲课内容的质量A内容要精而准，时间要短而紧，“内容精”指的是演示那些能产生举一反三效果的操作要点；“内容准”指的是讲大多数学生将要产生疑惑的概念；时间短指的是教师讲课时间一定要限制在本节课程时间的1/3以内；“时间紧”指的是教学过程中各个环节衔接得紧凑连贯，自然流畅，总之，讲课内容精而准、讲课时间短而紧的授课模式，可以在学生的兴奋点还没有明显消失时就完成课堂的主要教学内容，以便留给学生更充足的自学时间，反复思考、多多动手、理解消化，宽延伸。

教师讲解课程内容要为学生留有余地，不要怕学生做错，在计算机操作过程中，一次反面教训胜于多次正面引导。通常情况下，总要有少数学生在知识难点和技能难点之处产生疑惑，徘徊不前甚至“摔倒”，教师应该在恰当的时候纠正错误的理解，演示正确的操作，使学生产生“柳暗花明又一村”的感觉。

教学设计应关注整体课程内容的有机结合，既保持知识的连贯性，又体现操作要领的一致性。为此，在教学设计中，既要考虑学生个性、兴趣和基础的因素，又要保持教学内容的统一性；既要重视教学任务的完成，又要关注学生自学能力的提高；既要认真学习教材中的知识，又要启发学生拓宽知识。在课堂上的教学

课时有限，学生学习计算机技术、为信息社会服务道路还很漫长，在课堂教学中必须注重培养学生自学的能力，逐步提高独立开发、自主应用新软件的能力。比如，因为软件的窗口、对话框、菜单等部件的组成结构和操作方法基本相同，可以多交给学生一些共性的操作技能，及时大量地收集、总结基础知识和共性操作方法，将这些内容融合在任务中传授给学生，才能使他们对常用的软件操作自如，遇到新软件，很快就可以掌握其操作要领。这种能力的日积月累，精益求精，将使他们身怀绝技，在21世纪拥挤的信息高速公路上，拥有较强的竞争能力和拼搏空间，通过上述教学环节的安排，可以加大教学容量，提高课堂效率，使学生具备自学能力和独立开发新软件的能力，这才是终生教育的宗旨。

## 二、利用学生的个性差异，让每个学生均衡发展

### （一）通过分层教学解决学生基础差异带来的矛盾

由于多种原因致使个班级中的学生在学习计算机课程时表现出明显的“分层”现象。有的学生操作计算机的技术比较熟练，知识面也比较广泛；有的学生几乎是零起点，需要多方面知识和技能的铺垫。怎样解决这个矛盾呢？原则还是因材施教=设计思路：学生与教师之间存在一些障碍，而学生与学生之间不但容易沟通，而且还“心有灵犀一点通”，这个“灵犀”来源于他们在年龄，兴趣、处境、感情之间的吻合和一致。所以集中精力培养出几名掌握知识和技能都比较熟练的学生，作为一些基础比较差的学生的小老师，这种做法为解决学生差异、实现分层教学做出了有益的探讨。

实现过程：这个问题的关键是选拔出操作基础扎实、热心为大家服务、辅导方法适当的学生。这个问题说起来容易，实现过程存在一些难度，“服务”比“操作”难，“辅导”比“服务”难。我们采取“课上与课下结合、学习与活动结合、鼓励与督促结合”的措施，逐渐迎合了学生的心理特点。在课堂上，让经常提前完成任务的学生负责帮助自己同桌、同排、同组的学生解决操作难点，给他们提供更多地为大家服务的机会。经过一段时间的实践，有越来越多的学生开始对当“小先生”感兴趣了。

发现苗子以后，首先要培养他们的服务意识，让他们经常参加一些服务性的集体活动，如布置家长会的会扬、做运动会的服务员等。接下来是在实践中提高他们的计算机技术，如让他们和老师一起维修机房和办公室的计算机，带领他们参加一些计算机竞赛等，逐渐在实际活动中提高他们的计算机水平。最后，再纠正他们在辅导差学生过程中的一些不正确做法，如经常说“你真笨”，以至于对方讨厌这样的辅导；如演示的速度太快，以至于对方来不及思考和记忆，除了上述

做法之外，还要注意在开始阶段，老师一定要带领“小先生”进入“实习”阶段，这样做有两个目的：一是为了打破僵局，避免“好学生不好意思、差学生不太服气”；二是发现问题，逐步提高“小先生”的“教学”水平。

### （二）针对学生的性别差异，调动课堂上的积极因素

在日常教学中，很少有人会依据学生的性别来改变教学方案的。但性别的确能够使男生和女生对待某节课的兴趣产生较大的差别，尤其是在上专业课时表现得尤为突出。比如，男生喜欢动手，还不时表现出争强好胜的特点；女生喜欢动脑，干些细致、文静的事情。为了充分调动所有学生的积极性，在教学中可以设计出两种不同的训练题，体现在课堂教学中对性别差异的关注。这种思考在计算机教学中尤其能够得到很圆满的实现。

问题由来：在计算机课堂教学中，男生和女生对计算机的爱好程度不同，爱好的角度也不同。男生喜欢具有刺激性的教学内容，如完成速度竞赛、智力竞赛、脑筋急转弯性质的训练题，他们的主动参与意识要明显强于女生。面对女生可以表现个人审美观点，需要细心和耐心操作的训练题感兴趣，她们喜欢先动脑再动手，这点正好与男生相反。利用性别的特点来设计课堂教学不但可以激发学生对知识的渴望，还能够充分发挥学生内在的潜力，使创新能力在学习中得到足够的发挥，对在计算机课堂上进行素质教育具有一定的好处。

在“砌砖墙”的竞赛中，受时间和步数两个竞赛条件的限制，学生要经受操作技术熟练和思维方法巧妙的双重训练，在主动竞争的过程中，学习知识和训练技能的效率不断提高，可见，这样的教学过程必定是全面实现教学目标的新颖、科学和活泼的教学形式。在女同学绘制“美丽校园”的学习与创作并举活动中，她们面对单调、呆板的普通表格，经过种种必要的编辑和修饰之后，一幅充满纯净、天真、爱心的图画展现在我们面前，她们除了获得了与男生同样的知识和技能方面的收获之外，还在心灵中经历了一次美的熏陶，然而，怎样弥补“砌砖墙”任务中缺乏的修饰表格的教学内容呢？怎样弥补绘制“美丽校园”图画时缺少的编辑表格的训练呢？解决的方案是对原作品的进一步完善，比如，利用修饰表格的技术给砖墙涂上不同的图案和色彩；利用编辑表格的技术改变教学楼的结构(可以移动大门的位置，改变窗户的尺寸等)。同时，可以让男女生互相辅导，提高学习的效率，并增加学生之间的互助意识。

# 第二节 教师

## 一、积累宽泛的学科知识

要想成为一名优秀的计算机教师，没有深厚的计算机专业知识不行，没有熟练的专业技术不行。但是，仅仅具备了本学科的知识和技术还不够，因为没有宽泛的其他学科知识的支撑，计算机课堂教学就会变成孤军作战。所以，广泛地学习多种学科知识对于认识计算机、学习计算机、教授计算机都会产生潜移默化的作用。

问题由来：新生开学初期的计算机课程基本以“计算机组成结构”为主，但这种课程内容实在是令难写、教师难讲、学生难懂。怎样看待这段教学内容呢？是累赘还是契机？是无用还是无价？是无关还是紧要？种种疑问的答案取决于对计算机文化教育观的认识和理解。为了教师深入浅出地讲解，为了学生生动活泼地学石，决定将人的神经系统与计算机建立科学的联系，用形象的比喻和生动的语言打动学生，感染学生，牵动学生，使学生在兴趣驱动之下加深对计算机组成的理解，用机器的思维、方法和作风影响学生，提高学生的综合素质。另外，用机器的思维训练大脑是计算机教育工作者必须探索和实践的问题，假如学生们能够从计算机那里学到精密无误的思维方法和精益求精的工作作风，我们的学生将变得更聪慧和更理智，自主能力将不断提高。然而，对神经科学的了解几乎与学生在同一个水平线上，需要认真学习，深刻领会才能在联系计算机组成时游刃有余。为此，拿者翻阅和学习了大量的神经学方面的书籍，如《大脑的故事》、《神经科学》和《人工智能》等。后来证明，学习一定的神经学知识可以拉近人与计算机的距离，密切入与计算机的关系，增进入对计算机的感情，这对于深刻理解计算机的专业知识有着不可忽视的积极作用。下面的一段文字就是神经学知识后明白的道理和获得的体会。

理性思考：如果你曾经阅读过“神经系统”之类的书籍，就会因为组成计算机的逻辑门与密密麻麻分布在人体中的神经元惊人的相似而目瞪口呆。神经元具有传达和筛选信息的能力。神经元像一个黑匣子，它的输入端呈现树状，因此叫作树突（相似于逻辑门的输入端），一个神经元的输入端可以多达10万个。但神经元只有一个叫作轴突（相似于逻辑门的输出端）的输出端。更令人惊叹的是，轴突与核心细胞的连接方式竟然与面接触式场效应管完全吻合，都是采用非接触式的“电容感应式”科学家设计场效应管时充分考虑到提高电子运动的流速，想必神经元的突触采用非接触方式也是为了提高神经系统的反应速度吧。不过必须明确是先有神经元，后有逻辑门，这正是人类将仿生学应用到计算机的最细微处、最极致处的精彩见证。

当众多输入信息到达神经元的核心细胞时，经过抑制或放大，最终形成一个输出信息从树突输出到邻近的神经元，经过必要的处理再传输到下一个神经元，这个过程与逻辑门的工作惊人地相似。

## 二、不断提高实用的专业技术

学生对教师的信任来自教师本人只是水平和专业能力。教师不位应改具有完整的专业知识体系，还应该精益求精，只有熟练地掌握计算机专业技术，在讲解剖析计算机的组成结构时才能游刃有余，在形成软件的设计思路时做到轻车熟路，这样才能在学牛中建立微信，让学生信服，这是充分发挥教师的主导作用的重要条件。

问题由来：一名教师在讲解数码显示器74LS47时，由于对该集成电路的功能了解不全面，只是把它当作一个单纯的“二/十进制译码器”，忽略了“七段译码”部分的存在，当教师胸有成竹地把“二/十进制译码”的原理讲完时，由于一个学生的疑问引发了教学中的矛盾，课堂教学出现了尴尬的局面。当时老师举的例子是把“1001”二进制数送到74LS47电路的输入端，分析的结果是在Y0端输出“1”，其他9个输出端都是“0”，然后显示块就显示出“9”了。学生问：按照老师的介绍，数码块要显示“9”应该有6个笔画点亮呀！为什么只有一个Y9信号发生变化呢？它们是怎样转换的呢？一连串的问题几乎已经把老师遗漏的问题明朗化了，就是因为在“二/十进制译码器”的输出端和显示块的输入端之间还存在一个“七段译码器”才能够使译码的结果继续被二次译码，最终得到点亮显示块所需要的一组低（高）电平信号。试想一下，如果根本就没有考虑二次译码问题，这位教师如何来解答学生的疑问呢？更严重的问题可能还会发生在学生就业之后，当面临现场施工中的这种尴尬局面时，我们的学生怎样收场呢？学生会对当年给他讲解74LS47电路的老师做出怎样的评论呢？

实现过程：有人会问，让一名教师学习那么多的东西谈何容易？是不容易,，但是，千万不要忘记“实践出真知”的道理，而且实践是获得知识最便捷的途径。比如，你对显示块译码驱动电路74LS47的结构和作用不清楚，可以找到它的使用手册，自己搭一个简单的电路，随便在输入端输入二进制数字（如0101），当显示块显示“5”时正好与二进制数吻合。重要的问题是教师一定要在研究、实验过程中锻炼自己的分析能力，并且一定要把自己的分析方法和思路传授给学生，使他们的独立工作能力得到逐步提高。

虽然看不到它的内部结构和实现过程，但是，可以把这个集成电路看作由两个黑匣子组成，第1个黑匣子有4个输入端（二进制）和10个输出端（十进制），接收的是手工设置的二进制数；第2个黑匣子有10个输入端和7个输出端，接收从第1个黑匣子传来的数据。凭借逻辑推理自然会考虑到第1次译码实现二进制向十进制的转换，第2次译码必将是一次特殊的译码，任务是将十进制数的数量问题转换成7条发光二极管谁亮谁灭的问题。由于发光二极管是按空间位置分布的，使转换偏离了“进制”转换的思路，成为一个特殊问题。怎样解决课堂上出现的特殊问题，万能的方法仍然是列表法，使问题清晰化。

要上好这样内容的一节课，单凭热情不行，只重视教学方法也不行，教师必须具备一定的专业基础知识，如相关集成电路的管的特性、分光二极管的特性、二进制与十进制转换问题等。可见，只有专业知识宽泛，才能讲解透彻。要做到知识渊博也不难，“功夫不负有心人”，只要坚持日积月累，知识会越来越丰富。

另外，从学生的角度考虑教学生的问题，仍然是年轻教师容易忽略的问题。比如在这节课上，这位老师认为“七段显示”没什么可讲的，但是，为什么不采用8段呢？为什么不采用6段呢？这里面有许多道理和趣味，应该不要错过开发智力的好机会，最起码可以让学生用7根火柴杆拼出0～9这10个数字，虽然问题简单，但这样做确实能够提高学生的想象力，还能够培养以最少的投入获得最大收获的思维方法。如果有条件，还可以拿来早期使用的将0～9分布在10个不同层面中的荧光数码管，通过与“七段数码块”相对比，我们就会发现，重视“火柴杆”问题并不是小题大做，而是重温科学家当年发明这种简单实用的数码显示器件时所呈现的聪明才智和巧妙的思维方法。

理性思考：作为担任“计算机工业控制”课程教学的专业课教师不是一件容易的事情，必须具备比文化课老师多得多的专业知识，必须具备超过“计算机应用基础”以外的许多操作技术。另外，还需要掌握电子电路、自动控制、伺服设备、传感器件方面的相关知识，仅仅依靠在教育院校学习到的教育思想和教学方法是远远不够的。单凭青年教师的热情洋溢不一定能解决专业技术中的疑难问题，只有实实在在地设计教学目标，踏踏实实地积淀专业功底，才能把真功夫传给学生，才能使你的学生经得起实践的考验，成为有知识、有技术、有能力的智慧型劳动者。

教学设计不只是目标和方法的策划，对于专业教师来讲，针对教学内容、难点和重点，细心地检查一下自己的知识在哪里有欠缺，自己的技术还有哪些低下之处，然后必须给自己“充电”，使其满足学生和教学内容的需要，这个自我调整和丰富的过程就是“设计教师”的过程》每当讲授一节新课之前，教师必须认真研究本节课教学内容中的概念和原理，有时还要通过做实验才能得到正确的结论。只有深入理解、宽泛了解，才能透彻讲解。在这里讲述的反面教学案例，能够从侧面启发我们怎样在专业课之前认真地设计自己。

## 第三节 教材设计改革

### 一、瞄准教学目标，精心组织教材

多种专业共用一种教材便得“众口难调”更加突显，但没有哪一种教材能够同时满足如此繁多的不同专业的需要。看来，教师等教材、依赖教材、认准一本教材不放手的老一套教材观念必须彻底改变，取而代之的是校本教材、专本教材、师本教材、学本教材这样的新观念。如果把课堂教学比作一场戏剧，教师不但要担任引导学生学习的导演，还要成为剧本的编辑者，虽然教学内容基本相同，但是，在不同专业的教学目标是不同的选择教学素材、确定教学方法、应用教学手段等都需要有针对性。换句话说，面对不同专业的学生，教师需要设计不同的教学方案，才能提高教学的针对性，使教学活动更加活跃和高效。比如，面对电脑美术专业的学生，应该多提供一些艺术作品作为操作素材，提高学生的艺术品位，同时也能够增加学生们学习的主动性；面对金融财会专业的学生，应该减少Excel中格式化操作方面的内容，增加一些与数据处理有关的内容，如函数计算、排序、筛选、分类汇总和图表等内容，这些都是金融行业所需要的专业技能，是学生比较关注的知识和技能。

#### （一）根据教学难度恰当整合教材

构成计算机软件的程序是由一条一条的机器指令组成的，指令又是由微指令组成的人机器语言程序设计是计算机专业不可缺少的基础课程，但微指令与用户的距离很远，是否要写入教材呢？在回答这个问题之前，让我们先来认识一下微指令。微指令归属于计算机的硬件范畴，微指令是不能再被分解的硬件动作，再现了科学家溶解在计算机结构设计中的科学思想和先进文化。在计算机运行的前前后后、分分秒秒中，是硬件支撑着软件承载着人类的智慧、文化和思想在有序运行，逻辑推理是计算机的天性，计算机的深刻哲理都来源于逻辑推理。当判断“警察抓小偷”程序的流向时，要通过微指令的执行来简单推理、判断，当“蓝深”计算机战胜世界象棋冠军时，这种极其复杂的推理过程也是通过一条一条微指令的执行来实现的。计算机的软件能够模拟人类思维的模式来运行，计算机的硬件结构也必须能够适应这种思维流动。可见，微指令就是靠硬件支撑的最小软件元素，了解微指令不但不会增加学习的难度，反而能够使学习与思维联系、电脑与人脑结合、硬件与软件和谐，能够深入浅出地认识计算机的工作原理。

问题由来：面对道理深奥、难以触摸的计算机指令系统，有时教师讲起来杂乱无章，学生学起来望而却步，但这些内容确实是计算机应用专业学生必须掌握的基础知识，这部分内容的教学已经成为计算机教学的老大难问题，比如高水平的编者喜欢将程序、指令、微程序、微指令、微命令、微操作一股脑地写进教材，使得教材的针对性降低，令读者不知所措，面对这种情况，是照本宣科还是重新组织教材？成为改变教学窘况的要害问题》

设计思路：对于重新组合“指令系统”的教学内容，曾经有许多种尝试，但最成功的要数“以图为主，以文为辅”的方案。形象地讲，这是给教材进行一次大刀阔斧的手术。简单地讲，就是浓缩大量的文字播述，溶解在图示当中，使人一目了然，回味绵长。浓缩的文字有的来自本单元，有的需要从其他章节中截取，在突出“指令系统”结构的主题下，用简短的文字描述各种指令层次之间的关系。在此基础之上，用流程图或框图来补足文字内容。画图需要遵循一些原则，那就是层层“脱寒”，由表及里，把握脉络，深入浅出，这样有利于理解和掌握，有利于归纳和记忆。下面，就指令系统单元内容的重组过程介绍教材设计的方案。首先从“加法”程序开始解剖，将其分割成若干个机器指令，然后再把每个机器指令分解为若干个微指令，最后将微指令细化成多个微命令。接下来的工作就是绘制三个流程图，将程序、指令、微指令和微命令的包含关系层次化。另外，还需要绘制一个结构框图，使“指令系统”的结构更加紧凑，来龙去脉更加清晰，容易在头脑中建立宏观的整体概念。

### （二）挖掘文化内涵，充实教材内容

计算机中蕴藏着丰富的文化内涵，无论教材有多厚都无法包含如此丰富的知识。唯独教学设计为我们提供了将文化溶入课堂的良好机会，关键的问题是要弄清什么是计算机文化，从哪里搞到计算机文化。接下来才是我们要说的主题内容，那就是怎样将计算机文化融合到计算机课堂教学之中。令所有这些问题都可以沿着计算机的原创性和计算机的应用性这两条线索来展开讨论。

## 二、从计算机的发展过程透视计算机文化的形成

在计算机硬件中深深地埋藏着丰富的文化资源，它是教学素材的天然大仓库。著名数学家冯·诺依曼曾经分析了电子计算机的不足之处，提出了两项重大的改进，其中一项就是将十进制改为二进制，从而使计算机电路在简单性、廉价性和稳定性方面发生突破性的进展，使计算机的组成结构和运算过程大为简化。如果采用十进制，就是用0、1、2、3、4、5、6、7、8、9这10个数作为数的基本元素，通过它们之间的任意组合，组成任何长度、任何数值的数。组合一个十进制

数当然不是什么难事，但接下来的问题将使计算机设计工作举步维艰。产生10个基本元素就需要9个调整在不同输出值的直流模拟放大器来产生，运算时其困难程度与二进制相比简直无法描述。

众所周知，处于开关状态的电路耗电量最小，状态最稳定，传导速度最快，而在放大区工作的电路在诸多方而都表现出明显的劣势。更难设想的是，微处理器的结构将变得非常臃肿和笨拙。如果当初不更换成二进制结构，计算机绝不会有今天这样的优质结构和日新月异的发展速度。由此可见，这项改进是建立在数学和电子学等学科的基础之上，换句话说，没有众多学科的先进思想、文化和技术的支撑，计算机单靠孤军作战是难以成就大业的。

冯·诺伊曼的另外一个伟大贡献就是对程序和数据的整合，改变了用纸带穿孔来编制程序，而是将程序提前输入到计算机内，与被加工的数据放在一起，使得电子计算机的全部运算成为真正的自动过程。现在，数据存放在一定结构的框架之中，供程序在数据加工过程中方便地存取，使得计算机成为一台名副其实的自动思索、自动加工、自动输出的智能感知的机器，以至于人们形象地称计算机为电脑。在此次改进过程中，科学家将那么多的自动机思想、数据结构理论、语自语义概念应用于改造计算机的硬件结构和软件方法中，为后人从中吸收大景的先进文化奠定了丰厚的基础。冯·诺伊曼提出的两项改进是计算机结构思想中一次最重要的改革，标志着电子计算机时代的真正开始。从此，他那崭新的设计思想，深深地烙记在现代电子计算机的基本设计之中，使他获得了“电子计算机之父”的极高评价。

### （一）挖掘素质教育方面的素材

素质的概念涵盖较广，这里仅就主体能力和智力的提高来说明如何组织教材。作为非新毕业的教师来讲，面对个新的软件，一般都能制定出包括知识和技能方面的教学目标，并撰写出比较规范的教学大纲，完成每节课的教学方案设计。但如果要求教师在教学中必须包含一定比例的能力培养和籽力开发方面的教学内容，可能就不那么容易了。这里的能力不是指“打字快速”、“排版漂亮”或“绘画生动”，而是指诸如逻辑思维能力、归纳能力、描述能力、与人合作能力等主体性能力，是与人的思想、动机、动作、反映、神态、举止等主体要素融为一体的东西，是生命力强、生命周期长的东西。换句话说，这些外来的能力变成了人的内部素质。智力因素有先天的成分，但后天教育改变智力状态的例子屡见不鲜，计算机因为具有广泛的、深刻的、精致的以及人性化的智力因素，对于提高学生的注意力、观察力、想象力、记忆力等都存在着很深的潜力。可见，计算机必将成为开发人们智力，使人类更聪慧的天然平台。

计算机软件的根基是计算，计算机的一切创举都来源于对数值精确的计算，这使得计算机与数学建立了血缘关系。无论是画出一个简单的圆形，还是进行探月轨道设计，计算无时不在，数学方法、数学思想和数学文化融合在软件的每一条指令中，浸透在数据的每一个字节中。面对今天的二进制，不禁使人想起中同古代的“八卦图”，仔细观察八卦的每一卦象，竟然会发现它们都由阳和阳两种符号组合而成，当我们把8种卦象颠来倒去地排列组合时，脑海中会突然火花一闪，这不就是很有规律的二进制数字吗？若认为阳是“1”，阴是“0”，八卦恰好组成了二进制000到111共8个基本序数。看来，中国人的智慧是领先世界的，但科技进步得太晚了。

把民族文化融合在基础知识的学习中（二进制及其运算）

问题由来：在听课的记录中几乎没有看到关于“二进制”的字样，即使是有经验的老教师，在做研究课或示范课时也要回避二进制的内容。久而久之，二进制教学成了名存实亡的“应付课”在漫长的“计算机原理”教学中，二进制已经成为令学生讨厌、让教师为难、使敷衍的教学内容。然而，若一位年轻的教师不但在学校，即使是作区级和市级的研究课也敢于将自己精心设计的“二进制及其运算”课亮出来，供听课的专家们品头论足。结果是换来了大家一致的惊讶与赞赏，认为这是一节借助于基础知识弘扬民族文化，通过素质教育促进难点突破的好课。

设计思路：现实当中有许多应用二进制原理或体现二进制思想的实际例子，如果能够将呆板、枯燥的概念及运算法则讲给学生听，无论在实现知识目标还是素质目标上都不会得到什么好结果。反之，如果能改变僵硬的教学模式，采用寓教于乐的教学方法，让二进制从师生冷淡的目光中解放出来，还二进制光彩夺目的历史面目，就可以得到良好的教学效果。突破教学难点的主要利器就是起源于中国的“八卦图”。

实现过程：在课堂教学中，引进了多项生活中体现二进制思想的实例来帮助学生理解、消化二进制的概念，但最有成效的莫过于“八卦图”借喻8个卦象中的长横和短横组合的规律，教师能够通俗而准确地介绍二进制的计数方法，并围绕“八卦图”展开二进制概念的讲解。这样做的结果使导人像磁石一般将学生紧紧地吸引住，使原本学生最难理解的原理和方法变得通俗易懂，使学生的学习变得自主和活跃。

### （二）摆正计算机专业与计算机文化的关系

如何摆正计算机在课堂上的特殊位置，把计算机挂在墙角？放在桌子上？还是摆放在实验台上？这些都不是我们要讨论的问题。我们所关注的是如何把计算机看作一门特殊的学科，在这个“不速之客”出现在课堂教学中时，给以区别对待。计算机既不像“解析几何”那样只是一本书，也不像算盘那样只是一个计算工具；计算机不单纯是一台放映图片的幻灯机，也不单纯是一台记录专频的录音机，确切地说，计算机是书，是一本铺天盖地的百科全书；计算机是工具，是一台变幻莫测的万能工具；计算机是机器，是一台有思维的机器；计算机是设备，是一台海量存储的设备，这就是计算机在课堂上的正确地位。在设计、教学和学习当中，必须建立机器、学生和教师之间的全方位联系，包括在知识、思维、作风和品格方面的联系，才能真正发挥计算机与众不同的学科作用。

如何摆正专业技术与文化基础的正确关系，将关系到能否充分吸收从计算机中挖掘出来的文化内涵。曾经有人提出，给《计算机应用基础》教材动大手术，将其按专业分割成若干块，如《建筑行业计算机应用基础》、《医疗行业计算机应用基础》、《餐饮业计算机应用基础》等。原因是各行各业对计算机基础的需求不同。这种观点曾经得到许多人的赞同。但仔细想一下，文化是社会实践的产物，是社会发展的能源。文化沉淀于社会中，变成社会的基石；文化沉淀于思想中，变成品格的基础；文化沉淀于行业之中，变成专业的基础。

专业是什么？专业带来了技术的差别，专业带来了设备的不同，专业能够将人群分类，专业能够将社会分行。但是，无论什么行业，都离不开文化，生产实践需要文化，攻克难关需要文化，提高技术需要文化，思想进步也需要文化，可见，计算机的文化内涵需要在专业教学中来品味，需要在专业知识中来提炼，需要在专业实践中来提升，而不是用专业实习、技能训练来代替文化教育。我们不能在强调文化教育的时候就忘记了专业技能的训练，更不能在强调专业技能训练的时候就忽略了文化思想的教育，应该建立起专业与文化之间的科学联系，使之相得益彰、和谐发展。

## 第四节　任务设计改革

在任务驱动教学楔式逐渐被广大教师和学生接受的情况下，研究任务驱动的依据，纠正任务驱动的不良倾向，提高任务驱动的实际效益，这些都是教师在设计教学任务时应该认真考虑的问题，有人说教学任务是教学的关键，应该再补充一句：好的教学任务是实现教学目的重要条件。

参与“太阳出来了”动画的有3个图形，它们在“顺序和时间”标签对话框中排列的顺序是太阳、阳光和窗帘，这就是动画的顺序。有一点必须清楚，那就是19类动画效果的真实效果随作用的对象不同而发生变化，正如同样是微笑，不同性格的人给人的感觉是不一样的，比如“盒状展开”作用在“双臂”上表现为

“伸展”的效果，作用在圆形上表现为“放大”，作用在阳光上表现为“放射”。所以，在完成“太阳出来了”任务时，就应该通过实验来确矩最符合实际的“效果”，而不是单凭列表框中给定的名字来确定。放射是动画中比较精彩的一个场景，但没有现成的效果，通过观察各种效果作用在圆形上发生的变化，最终确定选择“盒状展开”。由旭日东升到阳光灿烂要有…个变色的过程，在“效果”标签对话框中有一个“动画播放后”列表框，其中“其他颜色”就是指图形的动作完成后要改变的颜色，可以从中任选一种。本例选择了“金黄色”，使太阳从初升时的红色变成了升起后的金黄色。能够使窗帘产生下落效果的有向下“擦除”和从上部“伸展”两个选项，通过观察认为前者比较形象，更接近拉下窗帘的效果。

理性思考：为什么同样是“盒状展开”，作用在不同对象上产生的效果却不一样呢？这说明效果是一种综合性的东西，不会只由单一的因素来决定。这就使我们想起人人皆知的“教无定法”来。有人经常指责学生：“为什么人家都明白了，你还是一窍不通?”这些教师不明白，即使方法再高明，也不一定在所有学生身上都适应。还有一点就是教育者与被教育者是矛盾的两个方面，是互相作用的，存在着作用力和反作用力，最终的合力其方向和大小都不会由教师自己来决定。对于某个学生如此，对于一个班也如此，对于专业不同的两个班，教学的任务和方法都应该是不同的，应该体现分层教学的思想。从这个问题上可以折射出教育问题：作为班主任应该掌握每一个学生的特性，应该了解学生而对一个新问题所产生的活思想，才能对症下药，才不至于千篇一律地责怪或劝导。

## 一、好的任务来自精细的观察

问题由来：一天至少有两次要看到红绿灯，有时还要等在十字路口，不时抬头观看灯的颜色是否发生变化。所以，对于红绿灯变化的规律大家都很熟悉，但真正让对红绿灯感兴趣是当PowerPoint课程进入动画设置时，打算为学习“动作的顺序和时间”寻找一个主题鲜明、形式新颖、频繁接触的情景，以便设计一道能够帮助建立“顺序控制”概念的训练题，使“计算机工业控制”专业的学生掌握顺序控制的技术。又一次经过十字路口时，的思路马上定格在红绿灯对于顺序和时间控制，再没有什么情景比十字路口的红绿灯变化更适合的。为了设计出高质量的任务，不只一次在十字路口观察、思考，确定设计思路。

任务描述：请学生们先到十字路口认真观察红绿灯变化的规律，并绘制简单的灯变化顺序图（这是提前布置的任务建立一个空白的演示文稿，然后设计这样一个情景：

脑筋就能够制作一个作品，但久而久之思维就僵化了。许多音乐家并不喜欢电子琴，因为模仿永远不能表现内在的东西，音乐的真正艺术和魅力用电子技术是无法实现的，只有当人与自然充分地结合时才能创造出感人的艺术作品，音乐是这样，计算机教育同样如此，教师希望自己的学生越来越聪明，在文化基础课教学中，除了积累知识，怎样进行自主能力培养呢？怎样实现智力开发呢？在这个任务中有两点可供借鉴，一个是培养学生有条不紊的工作作风，体现在设计多个红绿灯遵循一定规律亮灭的过程中，如果学生能够独立思考完成这样的任务，他的思维方法肯定会因为受到计算机的影响而变得更辩证和科学。另外，学生在实现整个任务中所提高的操作技术是平时不能比拟的，因为越是逼近实际的任务涉及的知识和技术越是丰富和适用。

## 二、任务应该包含重要的知识点和技能点

问题由来：听过这样一节用任务来驱动的关于Word制表位的课。因为涉及即将召开的学校运动会，学生最大的兴趣来源于任务的实际性，至子教学要点问题根本不关心，任务很快就完成了。然而，在等级考试中，全班只有3人及格。惨痛的教训不能不发人深省，任务驱动模式有问题吗？老师讲解不清楚吗？学生粗心大意吗？显然都不是，问题就出在任务只包含制表位位置和制表位类型两方面的知识，而且只用到了“竖线”和右对齐两种制表位，还有左对齐、居中对齐和小数对齐3种对齐方式根本就没有涉及。教师只是片面地照顾了任务的事件性，任务设计中忽略了包含教学目标中的重要知识点和技能点这样一个原则。针对这样的问题，也同样设计了一个学习制表位的任务。在这个任务中，几乎包含了所有的知识点和技能点，在任务各种要素的驱动下，主要教学目标潜移默化地实现了。

任务描述：新建一个文档，通过设置多个制表位的各种不同格式制作一个用户调查表，目的是了解学生对《计算机应用基础》作用的评价、学生希望使用什么样的教材、学生对教材价格的承抱能力，以及学生使用计算机做什么。各个数据究竟应用了制表位的哪些要素，可以通过观察标尺上的制表位符号来判断。

制表位是非常有实际意义的功能，使用起来非常有潜力。但是，由于标尺是制表位操作的主要对象，因而稍不经意就会产生许多麻烦。所以，在经过动手操作以后，还要进行必要的小结，概括操作难点和技巧，以便巩固知识、澄清疑难。首先应该总结一下制表位的继承性，然后总结制表位的三要素（制表位位置、制表位对齐方式和制表位的前导符众制表位位置和对齐方式可以在对话框中设定，也可以在标尺上设定。拖动标尺上的制表位符号，还能够改变制表位位置，或删除制表位。但是，前导符只能在对话框中设定，双击标尺上的制表位符号，可以快速打开“制表位”对话框。制表位有5种常用的对齐方式，包括左对齐、右对齐、居中、小数点对齐和竖线对齐，比较陌生的是后两种对齐方式。在设置“竖

线对齐”格式的同时，系统就自动在符位置插入了一条与行高相等的竖线，经常用作表的分界线，不能在“竖线对齐”制表位的位置上插入任何字符；采用小数点对齐方式的数字无论有多少位整数和小数，对齐的基准依旧是小数点符号。但是，如果在小数点对齐制表位处输入了不带小数点的数字，数子将自动被改变成“右对齐”方式。制表位的前导符有3种，分别是“实线型”、“虚线型”和“点画线”，只有在“制表位”对话框中才能设置或改变制表位的前导符。如果一个制表位被设置了一种前导符，当光标移动到该制表位的同时，前导符的形象将自动显现出来。

最后，有必要介绍操作制表位的一些技巧，比如：通过单击“制表位对齐”按钮改变对齐力式；单击标尺建立制表位；横向拖曳制表位能够改变其在标尺上的位置；纵向拖曳制表位可以删除制表位；利用格式刷能够复制某段落中的全部制表位；只有设置制表位的前导符必须在“制表位”对话框中进行，双击标尺上的制表位可以快速打开“制表位”对话框等。

理性思考：通过了解上述设计制表位教学任务的过程及思想，感觉到这样的任务确实包含了许多制表位的知识和操作技能，对于全面完成教学目标占据举足轻重的地位。可见，任务是个大口袋，里面潜藏的知识点和技能点会在任务分析过程中暴露出来，并应该采取恰当的教学方法对难点和重点进行突破。任何热热闹闹，但脱离了教学目标的任务都是不可取的，到头来只得到一个华而不实的虚名。

借此机会，还想对图形化语言多说两句。在Word和Excel中，标尺是一个作用重要、变化多端、操作灵巧的窗口工具，为文字处理和表格精确制作提供了度量的尺子。在标尺的左侧有一个小符号“L”，这个符号代表此时产生的制表位将要保持左对齐的格式。如果连续单击这个小符号，就会陆续显示居中对齐、右对齐、小数点对齐和竖线对齐方式，为编辑制表位提供了极大的便利。然而，怎样辨别各种制表位的类型扼？是小符号作出了各种变形，以形态的变化代替了文字的描述，从而加深感性认识，为操作提供便利。

## 三、设计任务必须注重能力培养

怎样突出绘画作品的“细墩性”呢？可以通过以下细节的设计来体现：

(1) 画面中的主角是一只满头白发下山的雄狮。狮子的原形是黑色颈毛，怎样将剪贴画的一部分染上黑色呢？首先需要先拆分剪贴画，再选择颈部的多个小图形，最后改变选定图形的颜色，还要将打散后的狮子组合为一体，以便进行后续的处理。

(2) 怎样将水平行走的狮子向下倾斜一定的角度呢？使用“自由旋转”工具

可以做到这一点，有些操作技巧是在旋转中会得到充分训练的。

（3）对于山水的描绘也要体现“沧桑”，高低不平的山峦体现地壳的变迁，这样的思想需要采用“自由曲线”来画山脉，可以学习到许多绘画技巧。

（4）斑痕累累的峭壁体现多年的风化，这是通过给“山脉”这个图形填充“纸袋”类型的“纹理”来实现的，从而了解了改变图形填充色的操作方法和要点。

（5）还有几处用到了图形的填充色，一处是大海，它的处理比较单一。麻烦的是为五角星增加填充色，为了体现放射光芒，应该选择“双色过渡”和“中心辐射”的“底纹样式”，另外，灯塔的门用到了“木纹”型的填充色。

问题由来：经常到起市里去，逐渐开给关注设立在起市出口处的由简单货架组成的快速购物设施。这里摆放的物品都是比较常用的小物件，如口香糖、听装饮料、创口贴等。乂发现，这里的商品在不断更新，变化所遵循的规律是什么呢？在接下来的观察中发现，货架分为多层，商品摆放的层数不是一成不变的，而是在不断地更换。更换的理由是什么呢？肯定是遵循“销量大者优先”的原理，那么，一定要经常对货架商品的销量不断地统计，而且根据统计的数值决定其摆放的位置。经过多次观察，最终肯定了自己的猜测。

对超市这样感兴趣的原因是想为讲解“高速缓冲存储器”的工作原理找到一个通俗易懂的解决方案，即把“高速购物”原理嫁接到高速存储器上，深入浅出地解决教学难点。

设计思路：商品管理方法是金融商贸专业学生需要学习的重要内容，计算机本身就是一个有条不紊、科学高效运转的机器，它自然要对自身成千上万个部件和成千上万条指令进行精心的管理，这种管理方法及技巧无疑成为我们学习“科学管理”的教学资源，高速缓冲存储器的工作过程就是一个典型的实例，如何提取这种科学的思想为教学服务呢？翻阅了大量的相关资料，最后将关注点定位在高速缓存的工作原理上，这不就是一个优秀的商品管理方案吗？通过逐个将存储管理的重要环节与超市商品的流通环节进行对照，逐渐形成了任务的雏形。接下来的首要工作是应该将高速藕存的工作原理转化成一幅工作原理框图，然后就可以要求学生参考这个原理图来设计自己的商品管理方案了。还有一个重要的问题需要认真思考，那就是怎样使这个任务更具备操作性呢？因为类似“方案设计”这样的任务比较适合用图来表示，而模仿是最有效的途径。因此，要求学生参考原理图来设计管理示意图是比较合适的途径。

## 第五节 流程设计改革

为了比较具体地说明怎样设计课堂教学的流程，下面的讨论都以任务驱动模式为例在本章中将讨论3个问题：第一任务驱动的标准流程；第二，分段进行驱动；第三，在任务驱动中还有任务驱动。

### 一、任务驱动的常见流程

示范操作不是一个简单的问题，是为全盘示范还是局部示范？示范当中需要给学生留有一点自主学习的机会吗？是让会做的学生为不会做的学生示范，还是老师统一做示范？这些问题都需要教师在课堂上根据实际情况灵活处理，千篇一律的、完成任务式的示范操作只能降低课堂教学的效率。

编筐编篓，贵在收口。检测评价环节是任务驱动的最后一个环节了，如果掉以轻心，不认真检测学生对知识掌握的程度，即使对上述各个环节都很满意，最终的教学效果可能是不圆满的。本着效果为主、形式为辅的原则，必须从多个侧面，采用多种手段来检测教学效果，比如老师口头提问或让学生完成一些练习题，必要时应该把备用的“任务”交给学生，学生独立完成与主任务相似的任务，这样可以更真实地对学生进行检测。

总之，在上述每个驱动环节中都有许多问题值得推敲，在每个“跳转点”处都有许多“何去何从”的问题，希望大家能够共同探讨任务驱动的理性问题，使这种教学模式更加成熟、更加完善。

### 二、任务驱动的分段处理

问题由来：学习Excel图表对下数据分析能够提供有力的图解方式，而且操作简单、类型齐全，包括柱形图、饼图、曲线图等14种图表类型。虽然图表的教学内容很多，但一般教材都把有关图表建立和应用的内容一股脑地安排在一节课中完成。然而，由于学生缺乏统计和财务等方面的知识，他们对“累积效应”“超前和滞后”、“走势”等概念了解不多，在有限的时间内完成这么多的任务，大部分学生都做不到，即使有个别完成了，当老师提问到什么时候用什么图表时也可能张冠李戴。在这种情况下，如果采用分段驱动法会缓解课堂矛盾，减轻学生压力，改善教学效果。

设计思路：当操作难度比较大，完成任务的时间比较长时，可以先把任务分隔成几个片段，然后依据各个小任务把“示范引导”和“学生实践”也划分成相同的几个片段，必要时也可以把“铺垫基础”分隔成几段，分配到“示范引导”

和“学生实践”当中去，使讲解知识、教师示范和学生操作分段、交替进行，在这个教学环节中构成一个小的循环，这样有利于突破难点，提高课堂效率。如果急于让学生多动手操作，先使自己的示范操作一气呵成，然后逼迫学生争先恐后，结果欲速则不达，学生记住了后面，忘记了前面。

实现过程：教过Excel图表的老师都有共同的体会，这部分内容虽然难度不大，但类别繁多，学生即使完成了任务，真正地运用图表来分析数据时往往感觉力不从心。这说明本来应该加大概念学习的力度，但在任务驱动的掩盖下忽略了。这也说明我们设计的任务可能与实际情况还存在一定的差距，可能还是想出来、编出来的假任务，以至于教学与实践严重脱离。通过总结这些问题，我们应该重视对Excel图表基本概念的铺垫，一是使任务实际化，二是强调每种图表作用的特殊性，这些就是学习Excel图表的关键问题。

理性思考：看到分段进行的任务驱动使联想到工人用撬杠驱动重物的情录。两根撬杠交替插进重物下面，每次使它移动一小段距离。由于物体庞大面沉重，如果想一次动的距离很大，就容易把重物撬翻了，结果是欲速则不达。我们处理任何事物，尤其是教育学生，永远不要忘记“欲速则不达”这个警句。

## 三、任务驱动的嵌套形式

问题由来：进入PowerPoint学习的终末期阶段，如果采用任务教学模式，必然要把在每单元教学中制作的幻灯片通过多种手段链接在一起，组成一个完整的有分支和返回功能的演示文稿，使得讲演者能够利用超级链接灵活控制被放映的幻灯片。许多老师都把链接对象、链接效果、链接方法作为教学的重点，结果，意想不到的问题却发生在演示文稿的结构设计上。学生操作自己的演示文稿时，有的“迷路”了，无法返回到上一级幻灯片；有的跳进了“陷阱”，翻来覆去地放映一张幻灯片；有的无法链接到指定的幻灯片上，种种问题都离不开学生对文稿整体结构了解的欠缺，具体来说是在学习DOS的树状目录结构时欠了一笔账，在“知识铺垫”环节中适当补充有关树状目录结构的基础知识是解决这个问题的正确途径。

设计思路，如果能够提前设计好演示文稿的整体结构框图，再清楚地标注每个幻灯片链接下一级幻灯片和返回上一级幻灯片的路径，在具体实现超级链接时就会综观全局、脉络清晰。这不但是一种概念性知识的铺垫，也是思维方式的训练，在“知识铺垫”环节必须“出重拳”突破这个难点。最贴切、最形象、最简单的突破难点的方法是，借喻DOS的树状目录结构的概念来辅助幻灯片链接整体布局的设计，这种辅助作用的实现最好也是果用任务驱动教学模式。换句话说，本节课不但在整体上采用了任务驱动教学模式，而且在其中的“基础铺垫”环节中又采用了任务驱动模式来学习树状目录结构方面的知识，实现了任务驱动过程的嵌套进行。

实现过程：本节课的教学过程一共有6个环节，“任务描述”力求清楚，并突出整体结构设计的重要性。“任务分析”一定要提出教学的难点，即如何控制树状结构分布的幻灯片有序地放映。在进入“基础铺垫”环节之前，可以课前调查，或课堂抽查，了解学生掌握相关基础知识的现状，如果普遍存在对树状目录理解欠缺的问题，则必须增加一个“基础铺蛰”内层任务驱动的环节。在此环节中，同样可以具有6个完整的教学环节，但是考虑到DOS目录的知识没有大的难度，所以可以简化内层驱动中的“基础铺垫”和“检测评价”两个环节，当学生基本掌握了主要知识后，就可以提前回到主任务驱动过程中，继续完成幻灯片链接主任务中的“示范引导”、“学生实践”和“检测评价”3个教学环节。如果在主驱动教学效果的检测中，发现学生存在一定的操作技术性问题，只需要重复进行“示范引导”和“学生实践”两个环节就可以了。一般情况下，学生都会掌握制作超级链接的概念和技术的，千万不要返回到“基础铺垫”的内层驱动中去，那样是不必要的，时间也不允许。

嵌套式任务驱动教学的关键问题是如何解决内层任务驱动与外层任务驱动在时间花费上的矛盾问题。形象地说，假如一个运动员在预赛入围之后就马上进入决赛，教练一定会嘱咐运动员科学分配自己的体力，既要保证预赛取得好成绩，又不能过多消耗体力，以便在决赛中有充沛的体力。因为本节课教学的主要任务是制作幻灯片的超级链接，所以一定保证有足够的教学时间。但是，在解决教学难点的基础知识铺垫过程中，要实现内层的任务驱动也需要一定的时间。所以，一定要清楚学生了解DOS命令的情况，恰到好处地补足这方面的缺陷，不要纠缠不清，只要理解了DOS目录结构的基本特点和注意事项后，就可以跳出内层循环圈，进入主流程中，有些还没有彻底解决的概念问题，在实践活动环节中，把握时机再进行统一讲解或个别辅导。这样，基本能够把大量的时间留给主任务的完成，不会在“基础铺垫”这个子任务圈中转来转去，耽误时间。

理性思考：铺垫基础知识和强调牢固掌握基础知识都是教师应该关注的问题。然而最艰难的是如何界定哪些知识是基础。在计算机教学领域中，似乎打字问题也成为基础知识，表格计算、幻灯片动画也成了基础知识，甚至连“如何上网查找一个新闻报道”也成为基础知识。难怪财务专业的学生要求“统编教材”应该增加Excel数据分析的内容，花卉专业的学生建议减少数据库的内容，文秘专业的学生又反映“排版的实例太简单”真可谓众口难调。但是，从“众口难调”中我们似乎发现了计算机教学“难调”问题产生的原因，是否因为对什么是“计算机应用基础”这个问题没有搞清。不管是给一个人做饭，还是给一千个人做饭，菜、饭的种类不是基础问题，而油、盐，酱、醋永远是烹饪的基础材料。可见，如果我们能够把类似“DOS的树状目录结构”、“二进制”、“字符分类”、“软件窗口组成”和“图形化语言”等内容作为计算机应用的基础知识，试问，在不同专业之间出现的“众口难调”现象不就会得到相当程度地缓解了吗？

## 第六节　教法设计改革

虽然教无定法，但无法难教。教学方法是达到教学目标灵活变化的重要因素。是提高课堂教学效率的有效措施。衡量教法是否正确的主要标准是学生满意。再加上学生是否受益。能否针对不同的学生和不同的教学目标。灵活设计和运用教学方法，是衡量教师教学思想和教学水平的有效标准。

### 一、借助教法引导学生突破难点

字符虽然是计算机中最常见的东西，但一直被轻视和冷漠，基本没有人把教学重点放在研究字符的作用上。面对这种情况，应该采取设障法，让陷阱使学生把目光转移到字符上来。接下来采用典型引路的方法，以分节符为切入点进行难点突破，在实际操作中加深对分节符基本概念的理解。

实现过程：下面通过介绍具体的教学过程和体会来体现一种崭新的教法设计思想。为了将注意力转移到特殊字符上来，先让学生通过插入3个分节符将文档内容划分成两部分，然后将上部分分为3栏，将下部分分为2栏，分栏成功后再要求取消分栏，使整个页面恢复原来的样子。接下来的操作使疑点暴露出来了，当进行缩小页边距操作时，竟然出现上面宽、下面窄的奇怪现象。在此关键时刻，教师可以按下“常用”工具栏上的“显示/隐藏编辑标记”按钮，刹那间，分节符的真面目显露出来，原来是一条横贯页面的虚线。就是它们仍然将页面划分为两个“节”，改变页面宽度时当然只是对“本节”起作用了，另外的那个节好似世外桃源。

接下来的问题是：既然已经取消了分栏，为什么分节符还存在呢？疑点引发了学生的兴趣，同时对后续教学的顺利进展起到了积极的牵引作用。怎样解释这个问题呢？不必正面回答，只要举了一个生活中的例子就能够解释原因、说明道理、找到出路。假如在操场上画了3条线，将地面划分为两部分，然后让一部分学生排成3排，让另一部分学生排成4排。试问，当两部分都恢复到原来的一排时，分隔线也自动消失了吗？不必解答，答案自然清楚。但新问题又出现了，怎样彻底取消分节符呢？老师教给了一种可靠的方法，那就是在看见分节符时，把它当作普通字符从文档中删除。学生们通过实践证实了老师的办法是正确的，可是，当他们采用逆向思维，企图通过删除分节符来取消分栏时，竟然发生了“格式侵犯”现象，3栏变成了2栏。

到此为止，不要再赘述种种奇怪现象了，归根结底都是分节符的特殊性质产生的反常现象。关键是如何从中总结出一些道理，其中一个道理就是“解铃还须系铃人”，比如，插入的分节符必须采取“删除”手段来取消。取消两栏必须通过重新将其划分为一栏来解决，删除分节符既徒劳又添乱。还有一个体会是“磨刀不误砍柴工”，在分栏操作之前，把分节符的样子、作用和特点等概念都交代清楚，要善于运用基础知识来解决实际问题，尤其在遇到困难时应该检查一下，操作是否违背了基本概念和基本原则。最深刻的体会是，基础永远能够起到支撑和提高的作用，只有掌握计算机的应用基础才能跟上计算机飞速发展的速度，逐步具备独立工作的水平。

最后，再将其他特殊符号的样子、作用、特点、操作要点等内容以表格方式提供出来，并经过上机实验，验证教材中一些概念的正确性，并加深对字符基本概念的理解。这部分可以作为教学评价的内容，以读图、填空、连线等形式设计出新颖的检测题，既扩展了对其他特殊字符的普遍了解，又巩固了分节符的特殊概念。

## 二、采用研讨法教学的设计过程

Excel中的单元格地址引用是《计算机应用基础》中比较难理解的内容，同时也是在实际应用中使用概率非常高的一个知识点。学生们虽然已经学习了使用公式计算，但过渡到这节课时总不免显得似懂非懂。首先表现出来的是对单元格地址引用的概念理解起来不习惯，尤其是对“地址”和“引用”两个概念的理解，需要认真对待。接下来的问题更麻烦，如“相对引用”、“绝对引用”、“混合引用”等，理解起来确实有些抽象。

为了培养学生的逻辑思维能力和分析问题、解决问题的能力，培养学生运用所学知识解决实际问题的能力，培养学生对新事物的认识和理解，培养学生认真分析问题的态度，必须对如何突破本节课的教学难点，掌握重点问题引起足够的重视。为此，采用研讨法学习单元格地址引用是恰如其分的。

设计思路：目前，大部分多媒体教学软件都是采用控制学生屏幕的方法进行演示，这常常会导致学生学习的过程突然被打断，破坏了思维的连续性。本节课，教师放弃了多媒体教学演示，而利用引导发现法和探究研讨法进行教学。在学生感知新知时，以演示法、实验法为主；理解新知时，以讲解法为主；形成技能时，以练习法为主。

建构主意学习理论主张要以学生为中心来组织教学，要求学生由被动的听讲变为主动的思考。本着这样的主导思想，本节课由5个主要教学环节组成观察、实践、归纳、验证、应用。目的是让学生自主参与知识的产生、发展与形成的过程。通过不断的提问，激发学生积极思考问题，让学生主动提出疑问，主动回答老师的问题，调动学生的积极性。可以总结为6句话：牵住学生不放手，师生互动齐步走（学习相对引用）；发现厌烦换一招，设置陷阱有成效（学习绝对引用）；循序渐进有繁简，综合问题最后练（学习混合引用）。

实现过蒲：在课前的准备时间里，提前在计算机中绘制两个相同的Excel表格，提供一些原始数据，形成供课堂上使用的“学生成绩表”，并投影到屏幕上，首先，教师以屏幕布的成绩单工作表为例，对学生进行引导，让学生思考怎样求得学生A的语文、数学、外语3科总成绩，公式应该怎样写。解决该问题后，可以再提出一个新的问题：如果改变其中某一科的成绩时，希望总成绩也能随之变化，应该怎样做呢？这样连续两个提问可以引发学生思考，并进入本节所学内容。然后，又提醒学生注意：在学习使用公式进行数据计算时，使用单元格地址作为参加运算的参数就如同在数学中便用变量X，Y一样。比如在“-B3+C3+D3”中B3、C3、D3都是单元格地址。如果学生对这样的切入感到突然，此时可以简要地复习单元格地址的有关概念，这样做有助于学生巩固旧知识，吸纳新知识。

理性思考：我们经常这样形容启发学生自主学习的情景：抱着走不如领着走，领着走不如放开手。有陷阱别忘记多提醒，有岔路要注意多引路。这样一连串的词句足以体现教师在学生自主学习中应该扮演的角色。但是，说起来容易，做起来麻烦，有的学生放下来就趴在地，放开手就摔跟头，设陷阱就掉进去，有岔路就无主意。尽管如此，更需要教师从讲台上走下来，走到学生中间去；教师必须把注意力从“演好主角”转移到“当好导演”上，把课堂的主角让给学生，教师要尽善尽美地为学生自主学习、积极思维、全面发展服务。目前，在许多专业性比较突出的课堂上，教师们认为思维训练、智力开发、知识扩展显得不像文化课那样重要，这是错误的想法。在计算机课堂教学中永远有取之不尽、用之不竭的教育资源，为学生探究式学习提供有力的支持。希望电脑与人脑能够充分沟通、和谐相处，不断开辟无限宽广的计算机课堂教学的创新之路。

## 第七节　手段设计改革

教学手段指的是在教学过程中，为了辅助教学利用了除教材、黑板和粉笔等基本教具之外的资源和设备，配合教学任务的完成，这种做法也是一种手段。在多媒体可见抢占了教学主要手段的若干年之后，人们开始察觉到它给教学带来好处的同时，其负面效应也越来越浮出水面，被广大教师所关注。但是，我们的态度不是人云亦云，因噎废食，而是希望在制作课件时要因需要而定，运用课件要讲究实效，而不是喧宾夺主，哗众取宠。在本章中，列举了两个典型课例来体现上述思想。

## 一、传统的教学手段是教学实践的结晶，不能被忽视

往老师准备好的“圈”里面钻，不利于知识由外来变成自主。对于老师来讲，把大部分精力都集中在制作课件上，对课件的感染力寄托了过多的期望，以至于课堂上固定的东西太多，从教师或学生头脑中临时激发出来的东西太少，这样不利于学生创新能力的培养，不利于教师教学观念的转变和教学方法的提高。

曾经有一位数学教师花费了很大的精力为数学课制作了一个课件——逐页播放公式的推导过程，在45分钟之内教师和学生的注意力基本上就没有离开过大屏幕。试问，数学是讲出来的？还是看出来的？主要是练出来的。通过教师在黑板上一步一步地推导公式，为学生创造了思维和归纳的机会，课件是做不到这一点的。认为，真正有成效的教学活动是建立在师生互动基础之上的，真正的收获是学生自己总结出来的。但是，当抽象的问题难以用文字和语言描述清楚时，当危险的场景难以到现场体验时，当物质内部微小的变化不能用肉眼看到时，制作一个短小精悍的课件来弥补，这才是多媒体教学辅助课件应该摆正的地位。

## 二、开发仿真教学软件的启示

例计算机组装与维修的仿真软件（开发有实效的教学课件）

问题由来：计算机组装与维修专业上实训课最挠头的就是实验环境、设备和原材料，既需要具备真实性，还需要一定的资金投入。比如，每次查找硬件故障时，都会有器件被不同程度地损坏，这个问题成为该专业上实训课的老大难问题，另外，每一次上维修实训课之前，教师都需要长时间地在机房中，人为设置各种上课需要的故障。这些问题长期困扰着上课的专业教师，当然也包括在内。接触到Authorware软件之后，发现这个软件的最大特点是交互性强，它强大的计算功能为仿真维修的真实环境，模拟人类的思维过程，制作出与实际情况相贴近的“计算机组装与维修”教学软件创造了先决条件。为此，开始做思想，技术和资源方面的准备，一旦时机成熟，马上进入软件的研究与制作过程。

设计思路：大约在着手设计软件的前一个多月，开始构思，确定了组装与维修的主要对象包括主板、CPU、内存和显示器等。整体方案成熟后，软件的设计工作也就进入了实质性的、艰难的阶段研制过程。下面，以CPU的安装和维修实验过程为例，说明设计的思路和解决困难的具体办法，使人产生犹豫的问题是采用图片来表示操作过程，还是采用视频来反映操作过程呢？为了提高软件对教学

辅助的实效性，也确实想走一条崭新的课件开发之路，毅然选择了后者，当然，困难就接踵而来了。

采用动态模拟的方案比较新颖面且又能提高真实性，可以先拍摄一些关键操作的录像，然后再从录像中截取有用的视频片段，为了充分发挥多媒体在仿真、模拟过程中的作用，软件应该加入适量的文字与声音提示。

## 第八节　环境设计改革

计算机教学与其他传统学科教学有明显的差别，那就是教学环境中教学效果的影响至关重要。比如，在学习因特网上网操作时，没有可以上网的环境可谓纸上谈兵；学习计算机组装时，如果没有准备好各种配件，可谓无米之炊，给计算机教师提出的问题不仅是求全责备，而是应该自力更生，创造实验条件，优化教学环境。

### 一、真实的环境能够下到实用的知识

计算机教学环境是与教学效果密切相关的问题。比如软件平台的选择，网络环境的利用、教学评价系统的建立，硬件运行的可靠性、模拟教学环境的创立等，都是教学环境设计的主要组成部分，应该认真对待作为计算机教师，如果不能充分利用计算机及网络提供给教学的便利，那真是一种“近水楼台先得月”的遗憾。

当学生在不上网的情况下进行发送邮件的操作时，虽然不能将信息发送到因特网上去，但邮件的内容每次都被保存在指定的内存区域中。由于内存的地址是已知的，所以，要想获得一台计算机中刚发出来的邮件内容是不困难的。困难就出在第2个问题上，当两台计算机互相收发邮件时，谁来充当“鸿雁梢书”的角色呢？由于机房具备了局域网环境，只要能够编写一个针对机房运行的“网络信息服务程序”就能够依托网络线路把数据传来传去。想到这里，难题似乎解决了，但更大的困难是如何让这只“鸿雁”在机房内所有的计算机之间飞来飞去，及时找到邮件信息，并准确地传送到需要的地方。

看来，研究一个能够传送邮件信息的软件势在必行。

实现过程：这个用汇编语言编写的程序具有四大功能，由若干个子程序和一个调度主程序组成，分别完成截取、检查、接收、发送等网络信息操作任务，研究分为4个阶段，首先，必须找到那个存放邮件信息的固定内存地址，采取的方法是“投石问井”先进入“写邮件”的窗口，简单地写一句话，比如“你在哪里啊?”，然后将这个邮件随便发送到一个其他邮箱中。接下来的工作是“找石头”，就是在无边无际的内存中找到刚才发送出去的“你在哪里啊?”，石头找到了，井

也就找到了，这个“并”就是存放邮件的固定的内存地址，如果想查找磁盘文件中的某个关键字可以执行Windows“开始”菜单的“搜索”命令，但现在是打算在内存中搜索，这个命令望尘莫及，唯一有效的方案是执行计算机内部命令“Debug”进入编辑汇编语言的环境中。如果手工从头至尾地查找“你在哪里啊?”这个字符串的十六进制代码，那真就是“大海捞针”了。幸运的是，“Debug”这个小巧玲珑的工具软件提前为用户准备了查找命令（首地址末地址“被查找的字符串”），弹指一挥间就找到了“你在哪里啊?”记录下这个内存地址以后，再反复实验几次，没有发现地址有丝毫的改变，第一项实验得到了满意的结果。

经过第一阶段的研究可以得出这样一个结论：邮件的全部信息以一个“邮件字符串”的方式固定存储在一个内存区域中，只要能够不断地检测这个区域中的内容是否更新了，就会发现是否有邮件来到计算机中了。下一步的工作更艰难了，分析新邮件的信息由几部分组成，这个长字符串应该被划分为几段，每段的含义是什么，这些都是必须认真研究的问题，可喜的是，邮件的内容一字不差地夹杂在这个“邮件字符串”的中间，前头有一些莫名其妙的编码，后面也是一些读不懂的信息。看来只要能够读懂前后两部分代码的含义，问题的难点就被突破了。经过反复实验发现，前面的代码正是本次发送或接收邮件的特征字，记录了邮件发送的时间、接收邮箱的地址、邮件的长度、邮件的类别（发出的还是接收的）等。这些信息为编制前面所说到的“网络信息服务软件”提供了必需的依据。结尾的代码比较简单，它起到一堵堵的作用，把这段珍贵的信息与后面杂乱的数据隔离开来。

服务对象的“体貌特征”清楚了，就可以为这个对象量身定做服务软件了。

这个软件的程序部分由主程序和3个子程序组成，这里主要介绍主程序的工作过程„程序是在局域网上循环运行的，它不知疲倦地按照一定的日期巡回检测每一台学生机，为传递网络信息服务，服务的内容有3项，首先，巡回检测每台机器中那个“邮件字符串”的“发送时间”字段，判断是否有新邮件出现。如果发现读出的时间比上次保存的时间晚了，说明这个邮件是新的，则应该继续判断是发送出去的邮件还是接收到的邮件，如果是后者，还需要继续判断“接收邮箱的地址”与本机的地址吻合吗？如果一致，邮件就是发送给这台机器的，必须马上调用“声音报警”子程序，还可以调用“显示小信封”子程序，以图、音并举的方式提醒用户注意：有新邮件来了！如果是发送出去的邮件就可以不予理睬，等到循环到邮件应该送到的那台机器时再做处理。可能有人要问，机房内的每台机器都有自己的邮箱地址吗？这是一个比较关键的问题。为了给“网络信息服务软件”提供检测、判断的方便。

重新给每台计算机赋予了一个独一无二的邮箱地址（在机房范围内），邮箱的用户名部分用二进制表示，一直到最后一台机器。检测子程序检测到这样的字符串后很容易分离出机器的代码信息，为传送信息提供了目标地址。

下一步工作是编写在机房内的所有计算机之间传输信息的“数据传输”子程序，它的任务是把发送邮件机器中的“邮件字符串”全部信息读到教师机中来，并保存在指定的“课堂练习评测”区域中，以便教师对每个学生的训练效果进行检测，也为评价每个学生的课堂练习成绩提供可靠依据。接下来，数据传输子程序要完成自己的主要任务，就是把这个新的邮件信息准确无误地送给“收信人”。这段程序是用Pascal语言编写的，也需要从每台计算机开机后在服务器中产生的注册码中提取目标机器的地址代码，以此作为投信的目标，把邮件及时投放到目的地。

还有两个子程序，一个子程序的功能是“声音报警”，另一个子程序的功能是“画小信封”，它们是为了同一个目标而诞生的，那就是当主程序发现某台学生机中有新邮件到来时，需要通过声光显示来向用户报告，以便及时接收新邮件。这两个子程序的工作过程比较简单，在这里省略对这种分内容的介绍。

理性思考：该软件能够在机房内模拟电子邮件收发，实现了“电子邮件接收和发送”的仿真教学，以假乱真的学习环境让学生们惊喜不已，学习效果明显改善，为提前开展因特网操作教学创造了条件。后来该项目被评为北京市教育教学成果二等奖。然而，在是否应该编写这种教学案例的问题上，也听到了许多不同的意见。有的人说编写仿真软件不是每个教师都能够做到的，有人说教学环境问题应该由学校负责，教师只要备好课、讲好课就是尽到责任了。想抛开“近水楼台”问题不说，只就计算机教师专业技术的提高问题，每位教师都应该关注计算机的优化、网络的畅通问题。计算机学科的课堂教学设计不只限于对教育学的研究，也不只是要与常规的教育资源打交道，它还有一个特殊的问题，就是在设计的过程中要不失时机地应用老技术，学习新技术，这个问题在“设计教师”章节中已经涉及，在本书即将结束的“设计环境”中又一次提出，可见，计算机教师提高专业技术水平与提高课堂教学效率的关系非同小可，与众不同，希望读者看完这个章节后能够提高这方面的认识。计算机教师还应该有研究意识，针对自己教学中的需求，研制一些仿真软件，改进一下机房环境，积累一些管理经验，编写一些实训教材，从单一的讲课、训练中跳出来，广泛学习一些新技术，提高自己的专业技术水平，充分发挥计算机及网络在计算机教学中的积极因素，才能使教学水平产生跨越式的发展。

## 二、创造和谐的气氛能够加强合作学习

问题由来：因特网之所以备受青睐，很大程度取决于网页和超级链接的设计

质量，为了贯彻以学生为主体的教学思想，尽量体现课程特色，顺利攻克教学难点，在学习因特网的超级链接时，必须设计出与其相匹配的整体教学方案，才能提高教学效率，由于因特网采用树状分支结构，就像一个层次分明的大家族。如果把一班学生也按照“树状”来分组，就可能实现分工合作的教学氛围，有利于加强学生之间的合作，提高教学效率。基于这样的想法，设计了一节“制作因特网超级链接”的课，后来作为市级公开课在同行之间进行交流，引领了教师们在计算机课堂上开展能力培养的新思路。

设计思路：本节课是在《计算机应用基础》教材“网络应用基础”内容的基础之上，丰富了一些具体内容形成的一节简单的网页制作课，目的并不是教给学生如何制作网页，而在子通过学习制作网页的超级链接，把网络的结构组成特点、信息流动规则以及需要注意的问题灌输到学生的脑海之中，使学生初次接触信息网络知识就对其发生浓厚的兴趣，并形成宏观的认识。还有一个重要的目的，那就是在课堂教学中培养学生与人合作的能力。在90分钟的教学过程中，学生们将学习如何利用HTML语言编写超级链接程序，通过超级链接，将多媒体信息链接成网，通过超级链接将学过的知识连接在一起。网页信息大都是超文本的多媒体信息，为此，让学生们在课前分组行动，收集本校历届技能比武优秀作品作为网页的链接对象，以赞美校园生活为主题，烘托中学生纯洁向上的心灵为背景，为在课堂上制作出具有个性化、有集体观念的网页提供资源条件。

实现过程：为了突出合作学习的气氛，把一班学生分为4组，制作的网页包括绘画与摄影、歌曲与音乐、书法与小报、体操与队列等多媒体信息。各自编写具有3级超级链接功能的网页程序，实现对指定网页信息的查询与链接。然后，每组确定一名代表，负责制作本组的主题，将组内其他同学制作的网页链接在一起。教师把4个组的主页链接在自己制作的“校园生活”主页上，以构成一个具有4级超级链接的小网站。实现这样的链接之后，展现在学生们面前的是全班通力合作的成果，既评说了学生作业的优劣，又验证了超级链接的超级功能。同时，集体的力量、校园的风情、艺术的魅力都在计算机实验课上得到展示。为突出“超级链接”这个主题，仍然把小结中提及的优秀作品和典型错误通过网页和超级链接来展示，使学生们又一次受到了启发，拓宽了思维方式。

导入新课是一节课的序曲，效果如何直接关系到后续的各个环节是否能够顺利进行。还是为了突出合作学习的氛围，把导入环节交给学生来操作。本课的引导过程分三段进行：第一步，提问DOS相对路径的概念和插入图片语句的格式。由于本节课将涉及大量已学过的计算机基础知识，这些知识能够起到良好的承上启下作用，所以，提问DOS的目录结构等问题仍然不能忽略。但改变了以往老师问、学生答的老套路，而是让小组之间先讨论，提出疑问，然后让其他组来回答。

这样生生互动的探讨方式增加了小组的凝聚力，也增加了各组之间的交流和互通有无；第二步，通过动画演示，把老师画的有错误的网页链接图展示给学生，让他们给老师挑毛病，目的在于强调在网页之间安放超级链接的原则和必要性；第三步，利用IE6.0网络浏览器演示教师事先制作的校园生活。因特网主页，使学生对因特网和超级链接先有一个感性认识，并让学生对这样的网页结构品头论足，归纳总结出它的优点和不足，为下面的学习打下基础。

本节课是在多媒体机房进行的，利用PowerPoint幻灯片播放软件来演示并解说教学课件，利用多媒体的特殊效果来刺激学生的感官系统，可以提高教学效果。鉴于合作学习的特点，在教学中遵循这样一些原则与方法：讲述难点问题时注重发动学生思考，安排教学内容时注重深入浅出，处理教与学关系时注重学生合作讨论，协调课堂进度时注重发挥小组组员的“尖子”作用。

理性思考：在新世纪到来之际，教育将面临经济与知识的双重挑战，学生们面临的是知识经济、信息时代，计算机网络将成为信息时代的核心技术。如果把因特网比作一本百科全书，那么，一个网页就是页知识，超级链接充当了这本巨著的目录和索引。通过超级链接指出的航向，学生们可以在知识的海洋中遨游；通过超级链接搭成的金桥，学生们可以在经济的大潮中跨越。

在全面提高素质方面，应该注重培养学生与人合作的能力。网络是一个大家庭，只有每一个网页在尽善尽美地发挥自己的功能的同时，又与邻近网页保持恰当的链接，才能构造一个功能强大的网络系统。同样，我们要求每一个学生既要按要求制作自己的网页，又要为别人创造链接的条件，要注重培养与人合作的能力，这种能力是21世纪人才需求的主要标准之一。另一方面，让学生增强敢为人杰的魄力。每组的小组长应该具有一定的组织、协调能力和拼搏精神，因为他们的编程工作量显然要大于其他同学，对于敢承担此任的学生来说，这显然是对自信心的挑战。

综上所述，无论是文科还是理科，网络课都应该作为职业学校的重要课程设置，而“制作因特网的超级链接”一课必定是重中之重。在制作超级链接的过程中，学生们不但能学到网络知识，还增强了讨论研究的合作意识；不但完成了计算机教学内容，还是对其他学科知识的应用与巩固；不但品味到自己制作的网页的内容与风格，还欣赏到网上非常丰富的文学、艺术、音乐等作品，从而促进了学生综合素质的全面提高。

# 第七章　基于FH的模块化教学模式改革与创新改革与创新

德国应用科技大学（以下简称FH）以高级应用型人才为培养目标，是德国工程师的摇篮。作为一种国际公认的应用型人才培养模式的成功范例，FH应用型人才培养的经验对我国探索应用型本科教育规律，构建应用型本科教育培养模式具有重要的参考价值与借鉴意义。

合肥学院是安徽省重点建设的5所省级示范应用型本科高校之一。1984年，安徽省人民政府与德国下萨克森州政府签署协议，把合肥学院的应用型人才培养确定为中德省州文化交流合作共建项目。20多年来，合肥学院坚持“地方性、应用型、国际化”的办学定位，通过与多所德国FH的深入交流与合作，探索出了一条符合实际的应用型高校发展之路。

合肥学院计算机科学与技术专业在引入“2+1+1”三段式人才培养模式、构建模块化教学体系、设计围绕工程项目的梯度式实践教学体系、增加认知实习学期等方面进行了大胆改革并取得多项教研成果。本人才培养方案通过集成以上教研成果，同时参照专业规范、本科培养方案原则指导意见和总体框架，结合地方经济发展对计算机专业应用型人才的需求特点制订。

## 第一节　教育理念和指导思想

借鉴德国应用科技大学先进的办学经验，按照“以IT企业需求为导向，以实际工程为背景，以工程技术为主线，以工程能力培养为中心，以学生成长为目标”的工程教育理念，强调以知识为基础，以能力为重点，知识、能力、素质协调发展，着力提高学生的工程意识和工程素质，锻炼和培养学生的工程实践能力（岗位技能与实务经验）、沟通与合作能力（理解、表达、团队合作）和创新能力（理论应用）。

充分利用合肥学院多年来与多所德国应用科技大学进行全面合作并开展专业共建的优势，在人才培养模式改革、增加认知实习的9学期制、过程考核、模块化教学体系构建、校企合作及模块互换学分互认等方面，通过构建以专业能力为导向的模块化教学体系、围绕工程项目开展实践教学、编著适应模块化教学需要的特色系列教材、深化中德专业教育合作、建立多元化的师资队伍、加强校企产学研合作以及完善质量监控与保障体系等途径，培养企业真正需要的、具有创新意识和国际化视野的高级工程应用型人才。

FH人才培养模式计算机专业课程结构是以模块化形式来构建的，从传统的知识输入为导向的课程体系构建转变为以知识输出为导向的模块化教学体系构建，从传统的按学科知识体系构建专业课程体系，转变为按专业能力体系构建专业模块体系。在专业方向、课程设置、教学内容、教学方法等方面都应以知识应用为重点，根据素质教育和专业教育并重的原则，课程体系的设置将以“低年级实行通识教育和学科基础教育培养学生素养，高年级实行有特色的专业教育提升学生的专业能力、实践能力和创新精神”为主要准则，构建理论教学平台、实践教学平台和创新教育平台。

## 第二节　人才培养方案

### 一、人才培养方案的特色

作为一所以“地方性，应用型，国际化”为办学定位的地方高校，在人才培养目标、生源和师资力量方面与传统的综合性重点大学有着显著差异，必须主动适应地方经济发展对具有创新能力的应用型人才的需求，充分发挥自身的优势和特点，在特色中求发展。本人才培养方案的特色主要包括如下内容。

立足于“服务地方，辐射全国”，按照“重基础，精方向，强工程，高素质”的原则，培养适应地方经济发展需要的高级应用型人才。即培养规格强调以知识为基础，以能力为核心，知识、能力、素质协调发展，强化对学生实践能力（岗位技能与实务经验）、沟通与合作能力（理解、表达、团队合作）、创新能力（理论应用）的锻炼和培养。

重视理工融合渗透，强调理论与应用实际结合，以“实际、实用、实践”为原则设置教学内容。理论教学具有鲜明的实践导向，基础理论以应用为目的，以“必需和够用”为度，强调科学知识和方法如何运用于实际生产和其他领域。

构建“2+1+1”三段式人才培养方案。前2年“重基础”，即重点完成对学生专业基础知识和基本技能的培养；中间的1年“精方向”，即使学生能在特定的专业方向进行深入学习；最后的1年“强工程”，即在前两个阶段的基础上，通过项目实训模块、企业实训模块和毕业设计模块等工程实践环节，强化学生从事工程实践所需的专业技术能力。同时坚持专业能力培养4年不断线的原则，将工程项目教学法贯穿整个教学环节，提高学生的学习兴趣，增强学生的工程实践能力。

借鉴德国FH应用型人才培养的成功经验，从以知识为本位到以能力为导向构建模块化教学体系，实现从“专业课”到功能性的单元“模块”的转化，将传统的按学科知识体系构建专业课程体系转变为按专业能力体系构建专业模块体系，更好地满足应用型人才培养的需要。

通过引人认知实习环节，变8学期为9学期。认知实习使学生学习和实践企业的管理运作、业务流程及项目开发流程，了解企业对员工知识结构、技术技能、团队合作的要求，体验企业文化氛围，以便能对自己未来从事的职业有更进一步的感性认识和对自己的职业生涯做出有针对性的规划。

## 二、人才培养方案的构建原则

### （一）社会需求导向性原则

要以社会和经济需求为导向，充分考虑地方经济的特点，清楚了解本地大多数企业的需求，并对企业需求进行分析归纳与整合，而后确定人才培养的具体规格，构建与之相应的教学体系，使培养的学生在校期间能掌握本地企业所需的知识和技能。

### （二）校企结合原则

学校和企业双方共同参与人才培养，在制订人才培养方案时让企业广泛参与，在人才培养过程中与企业展开紧密合作，共同承担学生的校外实践和实训教学工作，并对学生的成绩共同进行考核。同时，通过与企业建立广泛的产学研合作关系，跟踪新技术并带动科研创新，实现师资的双向交流，推动适应应用型本科教育的师资队伍建设。

### （三）以学为中心的建构主义原则

改变传统的以教师为中心的“提示型教学”为以学生为中心的“自主型教学”，尽可能地以学生的兴趣作为组织教学的起始点，创造机会让学生接触新的题目和问题，鼓励学生在学习的过程中通过发现问题和设计解决问题的方案获计算机科学与技术专业应用型本科典型人才培养方案得实际的应用能力和相应的知识。

遵循学生的学习活动是一个“建构-重构-解构”的循环过程的规律，教学活动的重点在于营造一个适宜的环境，把专业知识转化为便于学生建构的可能形式，使学生对所获得的认知结构进行持续性的建构和重构。

### （四）理论性和实践性紧密结合原则

现代科学技术一体化的发展趋势，要求教学要与科研、开发和生产相结合，在重视基础理论教学的同时，要加强实践教学内容和教学环节，将实践教学明确放在计算机人才培养中的重要位置上，学习与借鉴德国应用科技大学的实践教学模式，并将实践教学组织成一个比较完整的实践教学体系，以体现理论性和实践性紧密结合的学科特征。

### （五）人才培养保障和评价体系实用性和可操作性原则

人才培养保障体系包括硬件保障、软件保障和师资保障等方面，必须全面规划、统筹考虑。遵循合理性原则：人才培养保障体系标准要依据教和学的客观规律，包括教育规律和心理规律。遵循简明性原则：人才培养保障体系标准要明确、扼要，使师生易于掌握，便于执行。要具体，不能抽象；要明确，不能模糊；要扼要，不能烦琐。

高校人才培养的根本目的就是为经济社会发展输送合格人才，高校人才培养质量的评价标准实际上就是评价学校培养出来的学生是否能达到专业培养目标规定的要求，是否能满足经济社会发展的需要。高校人才培养主要是通过教学活动来实现的，所以对人才培养的评价实际上就是对教学质量的评价，教学质量评价设计原则、指标体系构建、相应的实施方法等都应具有较强的科学性、技术性、实用性和可操作性等。

## 三、模块化课程体系

### （一）以专业能力为导向，构建模块化课程体系

FH采用按能力为导向的模块化课程体系，一项能力可由一个或若干个模块的知识和应用来描述，而一个模块可能对应传统课程的一门课程或若干门课程融合优化后构成的一门课程或几门课程。模块的传授者应对模块的能力目标加以限定。模块描述的是围绕特定主题或内容的教学活动的组合，即一个模块是一个内容上和时间上自成一体的教学单位，它可以由不同的教学活动组合而成，可以对其进行定性（内容）和定量（学分）描述，它还能够被评判（通过考试）。一个模块是一个专业中最小的教学构成单位，专业中的每一个模块都具有特定的功能。各单个模块均可以跟其他模块进行组合，这样就可以实现整体组合的多样性，即不同专业方向可通过不同模块的组合来实现。模块化课程体系可以按等级划分为宏观、中观和微观模块。宏观模块由本专业所有模块构成，中观模块由学期所有模块构成，微观模块是最小教学单元模块，微观模块以其培养的技能满足中观和宏观模块要求达到的总体综合能力。在模块中使用“学习负担”描述一个学生学习上的

时间花费，是计算学分的依据，1学分=30小时的学习负担（含教师课堂面授和学生课后自学）。本科约需完成240学分，每学期约完成30个学分。

针对人才培养目标，通过学习和借鉴德国的模块化教学成功经验，本专业模块化课程体系构建思路如下：通过对计算机专业相关岗位群的调查与分析，确定学生应该具备的专业能力，再将抽象的专业能力具体化为能力要素，针对每个能力要素确定其对应的知识点，对能力要素进行优化组合形成能力单元，然后对各个能力单元及其对应知识单元（知识点的组合）进行封装形成“模块”，通过若干个相关模块的有机搭配构成本专业人才培养所需的模块化课程体系，从而将传统的按学科知识体系构建专业课程体系，转变为按专业能力体系构建专业模块体系。

基于以上的模块化课程体系构建思路，构建嵌入式系统、软件工程和网络工程3个方向的模块化课程体系。在模块化课程体系中，一项专业能力可由一个或若干个模块的知识和应用来描述。一个模块是围绕学生能力涉及的知识的有机组合，针对特定的能力单元设置，面向能力培养重构模块的教学内容，对传统课程体系的教学内容进行拆散、糅合、优化。如将原有的“操作系统原理”、“嵌入式Linux”等课程进行整合，设置“嵌入式操作系统”模块，重点培养嵌入式操作系统的应用与开发能力。模块既包含理论知识讲授，又有工程实践训练。专业模块设计采用典型的真实工程项目，对相应能力进行培养。模块具有可重组性和教学内容的非重复性，对应能力的培养环节连贯、递进，可适应不同类型计算机人才的培养需要。

为了确保专业模块的教学内容能反映专业发展需求，应成立专业建设委员会，通过跟踪企事业单位对人才的知识与能力需求，每年对模块教学内容进行更新，使得模块的教学内容能够反映专业发展现状、适应专业不断变化的需要。指定专门模块负责人，负责具体模块教学内容的设计，并组织协调该模块的教学。教材建设应紧密结合人才培养目标和新的模块化课程体系，统筹规划，自编与选用相结合，分阶段、分层次构建完善的教材体系。及时吸收国际先进教材的经验并不断创新，编著满足需要的系列配套教材。

### （二）围绕工程项目，设计梯度式实践教学体系

为培养实践能力强的高级应用型本科人才，克服传统实践教学中知识面窄、学生综合能力弱、科技开发意识训练不足等问题，借鉴德国成功的应用型人才培养经验，围绕具体的工程项目，采用分层次、分模块的指导思想，构建梯度式的实践教学体系。在梯度式的实践教学体系中，每层次包含若干个教学模块，每个模块有明确的培养任务和教学目标，通过有目的地选择与组合，逐步进阶，培养学生的工程设计能力、项目实现能力及创新能力。

1.基础实践层

该层面向计算机基本技能实践需求，针对低年级学生的知识背景，注重学生计算机基本知识的普及和计算机基本技能的训练，使学生掌握一定的操作技能和实践知识，引导学生在学习过程中发现问题和提出问题。

2.专业实践层

该层主要面向计算机各本科专业基础性实践能力需求，重点是针对专业基础技能展开实践训练，进一步培养学生发现问题、提出问题的能力，为进而解决问题积累基本方法和基本技能，培养学生养成科学、规范的研究习惯与方法和科研动手的能力。

3.综合实践层

该层主要面向计算机本科专业的知识综合应用的实践需求，本层次通过专业实验、应用设计等综合实践环节，注重培养学生分析问题、解决问题的能力。让学生体会自身知识、能力如何在科学研究和工程实践中得到应用与发挥，达到学以致用的目的。

4.创新实践层

该层主要面向全系学生在计算机应用技术方面的科技开发课题和科技活动，通过参与教师科研项目、企业实际项目和大学生科技竞赛等实践活动增强学生的工程意识，培养学生的系统分析和设计能力。

在实践教学中引入典型工程项目（如一个软件系统、一个项目案例、一个机器人等），工程项目不仅可以满足一个模块、一个层次的能力培养，还可以横跨多个模块、多个层次的教学内容。通过精心设计的典型工程项目把原本分散的知识点和能力要素串接起来，建立循序渐进、螺旋上升的梯度式实践教学体系。

### （三）借鉴FH应用型人才培养经验，引入第5学期认知实习

实践学期是FH教学活动中最具特色的部分，目的在于通过实践学期加深学生对工作岗位的了解，培养学生运用科学知识与方法解决实际问题的能力。学生必须独立与企业建立联系，寻找实习岗位。学生与实习单位要签订实践学期合同，明确双方的职责、任务及一些有关事项。实习岗位和实习合同都必须得到学校的认可，以保证实习质量。确定了实习岗位后，学校会把总的实习计划寄到实习企业去，让他们了解实习要求，在企业中有经验的工程师负责指导实习生，学校也分配一名指导教授。实践学期结束时，实习企业要出具实习证明，实习生则必须递交实习报告并答辩。

第5学期是借鉴德国应用科技大学的一种实践教学环节。在第4学期结束后安排一个认知实习学期，将本科教育的8学期改为9学期。认知实习是一种“面向专

业、基于问题”的学习，学生在未完全掌握本专业知识的情况下，参与到具体实践中去，使学生在实践中发现知识和能力方面的缺陷和不足，然后带着问题再来学习，从而有效地提高他们在校期间的学习兴趣和动力。

认知实习的目的就在于认知专业、职业、社会和自我，让学生学习和实践IT企业规范化、专业化、标准化的管理运作，业务流程及项目开发流程，体验企业对员工知识结构、技术技能、团队合作的要求，体验企业的文化氛围。

## 四、计算机科学与技术专业人才培养方案

### （一）培养目标与专业定位

本专业的培养目标是借鉴FH应用型人才的培养模式，培养德、智、体、美全面发展，具有良好的科学素养和工程实践能力，系统地掌握计算机硬件、软件与应用的基本理论与方法，可从事计算机应用系统开发、设计和集成工作，具有“基础扎实、口径适中、注重实践、强调应用”特点的高级工程应用型人才。

### （二）专业能力要求和素质要求

1.掌握计算机科学与技术的基本理论、基本知识和基本技能与方法；了解与计算机有关的法规；了解计算机科学与技术的发展动态。

2.掌握计算机应用系统的分析和设计的基本方法。具有较强的工程意识，能够解决本专业工程实施过程中出现的技术问题，具备对工具与技巧进行选择与应用的能力；具有计算机应用项目开发的基本能力，并能撰写相应的项目文档；具备一定分析和评价问题的能力，并能理解和认识专业质量问题。

3.具有良好的道德品质、职业素养、身心素质、文化素质、专业业务素质和一定的美学修养。

4.掌握文献检索、资料查询的基本方法，具有较强的获取信息的能力，并且初步掌握一门外语，能够比较熟练地阅读本专业的外文书刊。

### （三）必要说明

1.标准修读年限：4年9学期。

2.毕业学分：240学分。

3.授权学位。学生在规定时间内修完规定课程，成绩合格，颁发全日制普通高等学校大学本科毕业证书，符合学位授予条件，授予工学学士学位。

### （四）教学体系结构

工程Web应用系统项目实训模块Web应用系统开发模块软件编译技术模块软件质量保证项目实训模块软件测试与质量保证模块软件分析与设计模块数据库原

理与应用模块面向对象编程实训模块。

嵌入式软件开发模块嵌入式工程模块数据库原理与应用模块嵌入式接口技术实训模块嵌入式系统硬件设计模块面向对象程序设计模块。

网络应用开发实训模块Web应用系统开发模块企业网络高级管理模块网络系统测试模块网络与信息安全模块网络操作系统模块数据库原理与应用模块网络系统集成项目实训模块。

## 第三节　基础建设与实施环境

### 一、学科建设基础

学术梯队。重点在于培养一支在年龄、职称、学历结构上合理，具有创新精神、充满干劲与热情、团结合作的学术队伍。在组建科研队伍时，应坚持老中青相结合的原则，并选拔高水平的学科带头人，从而打造合理和相对稳定的学科梯队。

科学研究。科技创新的实现在于知识创新和技术创新。科学研究不仅可以加强教学的深度、拓展教学的广度，而且可以更新教师的知识结构、完善教师的知识体系，提高教师的综合素质。科研工作实施包括课题的选择、实验基地的建设、文献资料等信息的占有以及学科建设管理、自由学术气氛的营造等软硬两方面的建设。走产学研结合之路，将科研成果转化为生产力，促进科技和社会发展是培养工程应用型人才的关键。

### 二、产学合作基础

从应用型本科院校培养的应用型人才的特点来看，产学合作是必由之路。应用型人才的核心竞争力，其实就是生产第一线最需要、最有用的能力，而这种能力的培养必须同生产紧密结合才能有效。应用型本科院校大多比较年轻，无论从硬件角度还是软件角度来看，都无法与一些老牌院校尤其是重点高校相比。因此，应用型本科院校要想在高校中占有一席之地，必须具备自己的特色，即应该坚持走产学结合之路。

德国的工业在国际上享有良好的信誉，德国现代高等教育以其严格而著称，这就形成了该国高校产学合作模式的特有内涵。企业会根据市场需求向自己选择的合作高校提出“一篮子”合作项目，由学校进行研究开发，并随同企业人员一道完成整个项目的研制，并由双方共同将产品推向市场。整个合作资金由企业全部提供，学校在企业的协管下全权使用。一方面，学校获得了资源，释放了知识的生产力价值，更好地熟悉了市场，并据此进行学科与专业的调整和设置；另一方面，企业也因此拥有了市场和利润。

应用型本科院校应深刻地认识到产学合作是培养应用型人才的重要途径，在人才培养思路上，紧紧围绕高等教育目标和地方经济发展对人才培养的要求，以就业为导向，以服务社会、产业需求为中心，将培养具有开拓精神和创新能力的应用型人才作为根本任务。不断更新实践教学内容，加大实践教学课程在整个课程体系中的比重，把最新的实践成果、方法和手段纳入实践教学体系中，积极鼓励学生参与创业活动和教师的课题研究，强化学生将抽象理论转化为实际工作的能力，从而提高他们的创新精神和实践能力。在人才培养实践的基础上，逐渐形成一些行之有效的产学合作的做法，具体可表现为以下几种形式。

人才培养方案的合作：通过详细调查和了解社会对本专业人才知识、能力和素质的需求，邀请企业专家参与人才培养方案的制订和完善。

校外实习合作：与企业签订校外实习基地协议，作为本专业学生进行专业认识和实践的场所。

实验室建设的合作：与企业合作联合申报和建立重点实验室，企业也可为专业实验室的建设提供软硬件产品和技术支持，为，教学和科研提供实验条件。

学术交流：聘请企业一线专家和技术人员就专业技术领域问题给教师和学生做学术报告，并定期进行技术交流。

专业培训：企业定期就专业技术领域为学生提供实习和培训的机会。

项目合作：鼓励专业教师参与企业项目的研究和开发，提高教师的实践开发能力，培养和建设双师型师资队伍。

毕业设计和毕业实习：选送学生到企业进行毕业设计、毕业实习和认知实习，参与企业实际项目的开发，以提高学生的动手能力，缩小与就业单位所需能力之间的差距。对于毕业设计、毕业实习表现优秀的学生，企业还可优先录用。

拓宽学生就业渠道，实现学校人才培养与就业单位的“无缝衔接”，为企业输送高质量的人才。

## 三、师资队伍基础

### （一）师资队伍标准

FH方案要求教师满足我国《高等教育法》有关规定，并具备以下条件。高校毕业，并具有从事计算机专业学科的工作能力（通过学历/学位/职称加以证明）。具有教学能力（通过高校教师资格认证）。在本专业科学知识和方法的应用或开发方面具有3~5年的工程实践经验。

### （二）师资队伍建设

建设一支素质优良、结构优化、富有活力、具有应用能力和创新精神的高水平师资队伍是一项任重而道远的系统工程。借鉴德国FH“双师型”师资队伍的建设经验，加强应用型本科院校师资队伍建设的具体措施如下。

采取柔性引进或智力引进的方式，从社会产业部门中聘任有专长、实践经验丰富的专家学者和工程技术人员作为兼职教授或兼职讲师。兼职教授/讲师以兼职授课或讲座、报告会等形式成为师资的组成部分，把工程实例、工程意识、工程文化和工程精神带到校园和课堂，并与专业教师深层次合作，结合理论模块进行相关实训。

加强教师工程实践能力的锻炼。选派青年教师深入本地优秀IT企业进行学习和工作，获取工程技术经验，构建“双师型”师资队伍保障系统。教师每3年必须有6个月到企业挂职，以了解企业发展的最新状况。

改善教师的知识结构。有计划地安排教师进行在职学习、在岗进修、脱产进修，到国内外高校做访问学者，以提高教学和科研能力。

## 四、教学资源与条件

教学资源与硬件环境是保证教学工作正常运行的物质条件，如实验室、实习实训基地、教材建设等。

### （一）实验室

在实验教学条件方面，计算机科学与技术专业一般应设有软件实验室、组成原理实验室、微机原理与接口技术实验室、嵌入式系统实验室、网络工程实验室、网络协议分析实验室、高性能网络实验室、单片机实验室、系统维护实验室和创新实验室。

软件实验室主要进行程序设计、管理信息系统开发、数据库应用、网页设计、多媒体技术应用、计算机辅助教学等知识的设计实验。在本实验室中可以设计建设网站，锻炼将复杂的问题抽象化、模型化的能力；熟练地进行程序设计，开发计算机应用系统和CAI软件，能够适应实际的开发环境与设计方法，掌握软件开发的先进思想和软件开发方法的未来发展方向；掌握数据库、网络和多媒体技术的基本技能。

计算机组成原理实验室用于开设组成原理等课程的实验性教学，通过实验教学培养学生观察和研究计算机各大部件基本电路组成的能力，加深专业理论和实际电路的联系，使学生掌握必要的实验技能，具备分析和设计简单整机电路的能力。

微机原理与接口技术实验室用于开设微机原理与接口技术等课程的实验性教学。微机原理与接口技术课程设计作为微机原理与接口技术课程的后续实践教学环节，旨在通过学生完成一个基于多功能实验台，满足特定的功能要求的微机系统的设计，使学生将课堂教学的理论知识与实际应用相联系，掌握电路原理图的设计、电路分析、汇编软件编程、排错调试等计算机系统设计的基本技能。

嵌入式系统实验室用于开设嵌入式系统等课程的实验性教学。通过实验教学使学生了解32位嵌入式处理器ARM总体结构、存储器组织、系统控制模块和I/O外围控制模块，掌握ARM9开发调试的方法、使用ADS开发环境开发程序的方法以及在嵌入式Linux操作系统中的程序开发方法等。

网络工程实验室通过网络实验课程的实践，使学生了解网络协议体系、网络互联技术、组网工程、网络性能评估、网络管理等相关知识，能够灵活使用各类仪器设备组建各类网络并实现互联；能够实现由局域网到广域网到无线网的多类型网络整体结构的构架和研究，具有网络规划设计、组建网络、网络运行管理和性能分析、网络工程设计及维护等能力。

### （二）实习实训基地

实验、训练和实习是工科学生教育必不可少的环节，计算机专业重视实习、实训基地的建设，强调动手能力的培养。通过加强与企业合作，促进实习基地建设，通过聘请企业工程师为学生做相关知识讲座，组织学生参观、参与企业盼项目研发，使学生及时了解专业发展动态。在实习基地建设的同时，将基地建设推向大型企业单位，并相应延长实习期，从而以实习促就业，以就业带动新的实习基地建设。

### （三）教学环境

应用型人才的培养应具备良好的应用教学环境，除一般的教学基础设施外，还应具有将计算机硬件、网络设备、操作系统、工具软件以及为开发设置的应用软件集成为一体的应用教学及实验平台，为学生搭建一个校企结合的实训平台，以缩短学校和社会的距离。建立健全课堂教学与课外活动相渗透的综合机制，即坚持课堂教学与课外活动的相互补充、教学管理机构与学生管理机构之间的协调合作、教师与学生之间的经常性互动与交流。将提高学习兴趣、拓宽知识视野、增强实践能力和培育理论思维能力紧密地结合起来，为培养综合性复合型人才创建优良的教学环境。

### （四）教材建设

教学改革的基础是教材。教材建设的基本原则是紧密结合专业人才培养目标和新的模块化教学体系，统筹规划，选用与自编相结合，分阶段、分层次构建完善的教材体系。及时吸收国内外先进教材的经验并不断创新，编著满足模块化需要的系列配套教材。

## 五、教学管理与服务

通过树立服务意识，促进教学管理从被动管理转向主动管理，建立一套完备的教学管理和服务机制，确保专业教学管理的规范化和程序化，为教学改革提供支持。

成立由学校、政府部门、企业的专家和领导组成的“专业指导委员会”，全面统筹本专业建设。以产业需求为导向，形成提高企业参与度的有效机制，吸纳产业界专家参与人才培养方案的研究和制订，构建满足地区企业需要，又符合专业培养规律的人才培养方案。在教学的过程中，根据本地区产业发展的实际状况，每年会同企业对人才培养方案进行审核和修订。

建立模块化教学体系质量保障系统，应从模块规划、模块实施和模块评价三个方面制订相应的制度来保证模块的质量。通过跟踪企业对人才的知识与能力需求，每年对模块教学内容进行更新，同时，指定专门模块负责人负责具体模块教学内容的设计，并组织协调该模块的教学，使得模块的教学内容能够反映专业发展现状、适应企业不断变化的需要。

成立专业教学督导组，对专业教学实行督导、评估。专业教学督导组的常规工作包括：每位督导员每学期至少完成16次随堂听课任务，并针对教师教学中存在的问题给出指导和建议，做到督、导结合；抽检每学期考试试卷、毕业论文和其他教学过程材料，并给出客观评价，督促及时整改；每学期召开2～3次教学座谈会，对教学内容、教学方法、教材使用等进行全面交流，并对存在的问题提出改进意见和建议。

推行过程考核制度，全面考核学生的知识、能力和综合素质，改变课程结束时“一考定成绩”的做法。针对理论教学环节，除期末考试外，增加笔记、考勤、随堂测验、小论文、读书笔记等多种考核项目；对于实践（训）教学环节，增加预习、过程表现、实践（训）报告等过程考核项目。

构建信息化的教学和管理平台，实现信息采集、处理、传输、显示的网络化、实时化和智能化，加速信息的流通，提升教学和管理水平。同时引入网络实验系统、虚拟实验系统与数字化教学应用系统，提高教学设备与资源的利用率。

## 第四节 典型课程教学改革案例

### 一、案例1："操作系统原理"课程教学改革案例

#### （一）课程特色

课程注重理论与实践的有机结合，着重培养学生解决实际问题的能力，将操作系统成熟的基本原理和当代主流系统实例相结合，操作系统设计原理与实现技术相结合，操作系统理论学习与操作系统实践实习相结合，选择具有代表性的Linux操作系统作为实例贯穿本课程。

课程采用"理论教学+课程实验+综合项目设计"的教学思路，以理论环节作为教学基础，以课程实验作为过波，以综合项目设计作为教学目标，最终形成课程理论与具体实践相互促进、积极的、充满生机活力的教学机制。学生边做边学，深入理解课上讲授的知识，激发学生的成就感和自主学习的积极性。尤其是在综合项目设计阶段引导学生一步步地动手完成操作系统设计，在项目实践中锻炼自学和解决实际问题的能力，培养学生的团队合作能力。

#### （二）课程教学大纲

课程名称：操作系统原理；课程类型：本课程是计算机科学与技术专业的专业基础课；学时学分：76学时/5学分；先修课程：计算机组成原理、高级语言程序设计、汇编语言程序设计、数据结构与算法；适用专业：计算机科学与技术专业；开课部门：计算机科学与技术系。

1.课程的地位、目的和任务

"操作系统原理"课程是计算机科学与技术专业主干课程。操作系统是计算机系统的核心系统软件，负责控制和管理整个系统，使之协调工作。本课程结合当代最流行的操作系统着重介绍计算机操作系统的基本概念、原理、方法、技术和算法。

通过本课程的学习，可以使学生掌握操作系统的基本原理与实现技术，包括现代操作系统对计算机系统资源的管理策略与方法、操作系统进程管理机制、现代操作系统的用户界面。要求学生掌握操作系统的结构，并设计实现一个简单的操作系统（如嵌入式操作系统），通过实践使学生掌握现代操作系统的实现技术，具备一定的系统软件开发技能，具有分析、剪裁各种操作系统软件的能力。

2.本课程与相关课程的联系与分工

操作系统是计算机的核心，操作系统原理课程也是计算机科学与技术专业的

核心课程之一。操作系统是计算机系统中硬件和软件间联系的纽带，学习它需要具备一定的硬件和软件方面的知识。计算机组成原理等课程为本课程的学习建立了必要的硬件知识背景，数据结构与算法、汇编语言程序设计和高级语言程序设计等课程为本课程的学习建立了必要的软件知识背景。本课程的后续课程包括计算机网络、数据库原理、计算机体系结构等。

3.课程内容与要求

第1章操作系统引论：

（1）内容：

操作系统的作用、定义与接口。二类计算机硬件系统结构、通道和中断。批处理系统、分时系统与实时系统。微机操作系统、网络操作系统与分布式操作系统。并行性和并发性、处理机管理、存储器管理J/O设备管理与信息管理。Linux内核模式和体系结构。

（2）要求

了解计算机操作系统的地位、作用和研究意义，Linux体系结构，操作系统的发展和常见类型。理解操作系统的基本概念。掌握操作系统的基本特征、服务和功能。

第2章处理机控制与管理：

（1）内容：

程序的顺序执行和并发执行，进程的定义、特征；进程的状态及其之间的转化，PCB的作用；操作系统内核及控制原语；线程的引入及基本思想。

进程间的制约关系，临界资源和临界区的概念，进程同步和进程同步机制，利用软件方法和硬件技术解决进程同步机制；信号量和P、V操作的概念、定义和实质，利用信号量实现进程互斥和同步，利用信号量解生产者-消费者问题、读者-写者问题等经典同步问题，管程的引入特性，利用管程解同步问题，进程通信的概念和共享存储器系统、消息传送系统、管道通信系统三类高级通信机制。

处理机三级调度的概念和处理机调度模型，作业的状态和作业调度的功能；进程调度的方式和功能，算法的选择准则，调度算法及适合范围；死锁产生的原因和必要条件，预防死锁的方法，银行家算法及其在死锁避免中的应用，资源分配图的简化及其死锁定理，解除死锁的方法。

Linux内核进程控制结构与源代码分析。

要求：了解进程和线程的基本概念、PCB的作用、程序并发执行的思想，进程间通信的基本原理和实现方案，进程同步问题产生的原因及解决办法；进程调度的基本概念，常见的进程调度算法；进程死锁的原因，解决死锁问题的办法；Linux内核进程控制结构。

理解内核的概念及原语、进程同步机制的思想及实现、各类信号量机制的思想、进程调度的思想。

掌握进程的定义、特征、状态及其之间的转化；使用信号量机制实现进程同步的并发程序算法的设计；常见的进程调度算法，银行家算法；分析Linux内核源码的方法。

第3章存储器管理内容：

存储管理的目的和功能、地址重定位的概念。单一连续分配、固定分区分配、动态分区分配的实现原理可变式分区分配的数据结构和分配回收算法，动态重定位分区分配实现原理和分配算法；分页存储管理的原理，基本的地址变换机构和具有快表的地址变换机构，两级页表机制；分段存储管理原理和分段地址变换机构，分页和分段比较，分页和分段的存储共享，段页式存储管理原理和地址变换机构。

虚拟存储器的理论基础和定义，虚拟存储器的实现方式和特征；请求分页的页表机制、缺页中断机构和地址变换机构，页面的分配和置换策略、页面分配的算法；最佳置换算法、先进先出（FIFO）置换算法、最近最久未使用置换算法LRU、Clock置换算法和页面缓冲算法；请求分段的段表机制、缺段中断机构和地址变换机构，分段的共享和保护。

要求：了解存储器管理的主要任务，各种不同存储管理方法的目标；虚拟存储器的设计思想和实现，分页系统的性能分析；Linux内存管理的基本设计思想与框架。

理解程序的装入和连接的基本概念，操作系统中内存管理的基本思想和常见方法；虚拟存储器理论、程序运行的局部性原理，各页面置换算法的设计思想，工作集理论。

掌握分页存储管理方式、分段存储管理方式及段页式存储管理方式的设计思想，地址重定位理论页式虚拟存储器和段式虚拟存储器管理的设计思想Linux内存管理源码分析方法。

第4章设备管理内容：

设备的分类、设备管理的目标和功能。程序I/O方式、中断方式、DMA方式和通道方式，通道的概念和类型。缓冲的概念，单缓冲、双缓冲、多缓冲和缓冲池的工作原理。在进行设备分配时应考虑设备的固有属性、设备的分配算法、设备分配的安全性和设备的独立性等因素；设备分配的流程；SPOOLing技术。设备处理程序的功能和处理方式，设备处理程序的处理过程。Linux输入输出系统设计思想、实现方法及源代码分析。

要求：了解设备的分类、设备管理的目标和功能、计算机I/O系统结构、常见的I/O控制方式、Linux设备管理的设计思想与基本框架。理解操作系统对I/O设备的管理理论、缓冲理论、设备独立性思想。掌握设备分配的基本理论、合POOL-ing技术、Linux输入输出系统源码分析方法。

第5章文件系统：

(1) 内容：

文件和文件系统的定义，文件系统的类型、模型和操作系统（Windows、Linux）对多种文件系统的支持。

文件的逻辑结构、物理结构、连续结构、链接结构和索引结构。

外存的分配方法及空闲空间管理；成组链接，位示图法；先来先服务、最短寻道时间优先、扫描（SCAN）算法等各种磁盘调度算法。

文件控制块和多级目录结构、目录查询技术、内存的目录管理表、文件操作与目录管理关系、文件的共享。

文件系统的安全性、文件的存取控制、分级安全管理、文件的转储和恢复；硬盘容错技术，提高磁盘访问速度的方法及数据一致性控制问题。

Linux文件系统设计思想与源代码分析。

(2) 要求

了解文件系统的类型和模型；硬盘访问时间的组成，成组链接，硬盘容错技术，提高磁盘访问速度的方法及数据一致性控制问题；Linux文件系统设计思想。

理解操作系统中对文件的管理；对常见的外部存储器的管理。

掌握文件的逻辑结构，文件目录、文件共享和保护；磁盘的调度算法，物理文件（外存分配方法）、空闲存储空间的管理；Linux文件系统源码分析方法。

第6章操作系统接口：

(1) 内容：

命令接口和程序接口。命令处理器、命令解释程序、命令语言。系统调用的处理过程。Linux系统调用设计思想与源代码分析。

(2) 要求

了解操作系统提供给用户使用的基本接口。理解联机命令接口、程序接口、系统调用和GUI图形用户接口。掌握Linux系统调用源代码分析方法。

第7章操作系统真实案例剖析：

(1) 内容

对Windows、Linux等主流操作系统的结构组成、功能特点、技术实现方法进行系统性的总结和剖析。

(2) 要求

掌握分析Linux操作系统的方法与手段。

4.学时分配及教学条件

(1) 操作系统引论

课堂教学：2学时

(2) 处理机控制与管理

课堂教学：16学时实验：6学时

(3) 存储器管理

课堂教学：12学时实验：2学时

(4) 设备管理

课堂教学：4学时

(5) 文件系统

课堂教学：8学时实验：6学时

(6) 操作系统接口

课堂教学学时

(7) 操作系统真实案例剖析

课堂教学：4学时

(8) 简单操作系统的设计与实现

学时：48学时（课内12学时，课外36学时）

教学条件：完整的“操作系统原理”课程教学体系包括知识结构合理、实践能力强的教师队伍，体现本课程要求的教材以及适合课程要求的教学实践环境。

5.教学方法与考核方式

教学方法：操作系统是一门理论性和实践性较强的专业核心课程，为了使学生能够更好地掌握基本概念与原理，本课程除了采用传统教学方法以外，还使用了多媒体教学以及网络教学等现代教学手段9在教学中，一方面以课堂讲授为主，辅助以学生课堂小组讨论、课后练习、上机实验等；另一方面，针对操作系统原理的主要内容，结合典型操作系统——Linux进行分析，进行案例化教学，采用“课程讲授+案例剖析+动手实践”的方式，通过“做中学”的方法，使学生能够更深刻地理解操作系统的原理。将一个典型、简单、具体的操作系统（如嵌入式操作系统）作为工程对象，通过一系列实验，逐步扩展功能，最后设计并实现一个简单的操作系统。

考核方式采用过程考核方式，期末笔试占总成绩的45%，课堂笔记占5%，作业及随堂测验占10%，实验占40%（其中，综合设计占25%）。期末考试时间一般规定为100分钟。

### （三）课程实施与改革

1.课程实施过程

案例化教学。以流行的Linux和Windows操作系统为案例，介绍操作系统五大服务功能的实现方法和技术，从应用角度解释理论，帮助学生分析和理解基本原理。

优化教学实施方法。通过实例、图解、对比等方法，介绍进程调度算法、缓冲算法等算法的原理和流程，将复杂的算法变得简单易懂；同时，专门设计相关算法实验，使学生在实践过程中发现问题、分析问题和解决问题；提供多种学习方式，教师通过课堂讲授、答疑、阶段考试和期末考试等方式解决学生在学习中遇到的难题，并提供在线课堂、教学录像、网上留言等网络教学方式，供学生课后自学、复习和讨论。

实践教学以构思、设计、实践及运作全过程为载体来培养学生的工程实践能力。“进程调度”、“存储管理”等基础性实验可以加深学生对操作系统的基本概念和核心知识的理解；“利用共享内存进行进程同步”、“文件管理”、“磁盘存储空间的分配和回收”等设计性实验用于培养学生分析问题、解决问题的能力，以及初步的系统分析与设计能力；综合性实践要求学生对Linux内核进行深入分析，对调度算法、驱动程序等部分进行设计和修改，构建微内核系统；综合设计以小组为单位设计完成一个基本的嵌入式操作系统项目，使学生从实践中了解和掌握本课程的基本概念、方法及其基本开发思想，加深对课程重点难点知识的理解和运用，同时也培养学生的团队协作能力，以及系统的构思、设计、实施和运行的能力。

2.进度安排

课程进度安排见表7-1。

**表7-1　教学进度与教时安排**

| 周次 | 授课章节及主要内容 | 实践教学环节内容实验或课程设计等 | 学时 |
|---|---|---|---|
| 1 | 第1章操作系统引论操作系统的功能、作用、特点等操作系统的研究内容和研究方法Linux内核模式和体系结构 | | 2 |
| 2 | 第2章处理机控制与管理进程和线程的概念及相关内容，程序并发执行；进程同步问题产生的原因及解决办法 | | 4 |

续表

| 周次 | 授课章节及主要内容 | 实践教学环节内容实验或课程设计等 | 学时 |
|---|---|---|---|
| 3 | 第2章处理机控制与管理信号量机制；经典同步问题，用信号量机制实现进程同步的并发程序算法的设计；用信号量机制实现进程同步的并发程序算法的设计，进程间通信 | | 4 |
| 4 | 第2章处理机控制与管理进程调度的思想和调度算法，死锁的理论和解决办法，银行家算法的理解和使用 | | 4 |
| 5 | 第2章处理机控制与管理Linux内核进程控制结构与源代码分析 | | 4 |
| 6 | 第3章存储器管理内存资源的管理方法，传统内存管理方式，分页、分段存储管理；程序运行的局部性原理，虚拟存储器的概念和实现方式 | | 4 |
| 7 | 第3章存储器管理页式虚拟存储器的设计思想和实现原理，页面置换算法，分页的性能分析，工作集；段式虚拟存储器 | | 4 |
| 8 | 第3章存储器管理Linux内存管理框架及源码分析 | 实验一进程调度 | 4+2 |
| 9 | 第4章设备管理I/O系统结构，常见的I/O控制方式缓冲，设备分配，SPOOLing技术；Linux输入输出系统设计思想、实现方法及源代码分析 | 实验二利用共享内存进行进程同步 | 4+4 |
| 10 | 第5章文件系统文件、文件系统，文件的逻辑结构；文件目录，文件共享，文件保护，磁盘的调度算法，外存分配方法；外存空间管理，磁盘容错，性能优化，数据一致性控制 | 实验三存储管理 | 4+2 |
| 11 | 第5章文件系统Linux文件系统设计思想与源代码分析 | 实验四文件管理 | 4+4 |

续表

| 周次 | 授课章节及主要内容 | 实践教学环节内容实验或课程设计等 | 学时 |
|---|---|---|---|
| 12 | 第6章操作系统接口操作系统基本接口——联机命令接口，系统调用；Linux系统调用设计思想与源代码分析 | 实验五磁盘存储空间的分配和回收 | 4+2 |
| 13 | 第7章操作系统真实案例剖析Windows、Linux等主流操作系统的结构组成、功能特点、技术实现方法差异进行系统地总结和剖析 | | 4 |
| 14 | | 简单操作系统的设计与实现 | 48（课内12，课外36） |

## 二、案例2：“计算机组成原理”课程教学改革案例

### （一）课程特色

传统的“计算机组成原理”课程教学和实验模式主要根据不同实验系统各自规定的方法，用既定的分离元件和接口器件进行拼装搭接而成，学生无法从这样的“设计”过程中了解真实的现代实用CPU的基本设计技术。随着电子技术的不断发展，数字系统的设计方法也在不断进步，传统的手工设计过程已经被先进的EDA工具所替代，计算机作为一个典型的复杂数字系统，其设计方法发生了根本的变革，因此应用EDA技术是计算机组成原理课程改革的方向。

通过在“计算机组成原理”课程中加入代表现代技术发展的EDA技术，重组相关教学内容和优化实验设置，采用基于硬件设计语言的EDA技术中实现CPU和计算机系统的设计技术，以培养学生自主设计能力。

### （二）课程教学大纲

课程名称：计算机组成原理；课程类型：专业基础课；学时学分：76学时45学分；选修课程：数字逻辑、VHDL和EDA技术、汇编语言；适用专业：计算机科学与技术专业；开课部门：计算机科学与技术系。

1.课程的地位、目的和任务

“计算机组成原理”是计算机科学与技术专业本科教学中的一门重要技术基础课。在计算机科学与技术专业的教学计划中占有重要的地位和作用。学习本课程

旨在使学生掌握计算机硬件各子系统的组成原理及实现技术，建立计算机系统的整体概念，培养学生设计开发计算机系统的能力。该课程为今后学习计算机体系结构、计算机网络、计算机容错技术、计算机并行处理、计算机分布式处理技术等课程打下良好的基础。

2.本课程与相关课程的联系与分工

“计算机组成原理”是计算机科学与技术专业本科生必修的一门硬件专业基础课，其先修课包括数字逻辑、VHDL和EDA技术、汇编语言等，后续课还有计算机体系结构、微型计算机原理与接口技术，关系密切的还有操作系统等课程。

3.课程内容与要求

第1章计算机系统概论

（1）教学内容

计算机软硬件概念、计算机系统的层次结构、计算机的基本组成、冯·诺依曼计算机的特点、计算机的硬件框图及工作过程、计算机硬件的主要技术指标、计算机体系结构、组成、实现，以及计算机发展历程和应用领域。

（2）教学要求

重点：掌握冯·诺依曼计算机体系结构及其基本工作过程，初步建立整机的概念。电子计算机与存储程序控制：电子计算机的发展概述、存储程序概念、计算机的硬件组成。计算机系统：计算机软件的基本内容、硬件与软件的关系、计算机系统的多层次结构。计算机的工作过程与性能：计算机的工作过程、计算机的主要性能指标、计算机系统的性能评价。难点：对计算机系统层次结构的定义的理解。

第2章数据表示与信息编码：

（1）教学内容

数制与编码：进位计数制的基本概念、计算机中常用的进位计数制、各种数据间的相互转换、十进制数的编码、数值数据的表示、无符号数和带符号数、原码表示法、补码表示法、反码表示法、3种码制的比较与转换。

数的定点表示与浮点表示：定点表示法、浮点表示法、浮点数阶码的移码表示法、实用浮点数举例。非数值数据的表示：ASCH字符编码方法、统一代码、汉字的编码方法。奇偶校验码：奇偶校验、简单奇偶校验、交叉奇偶校验的概念。

（2）教学要求

理解计算机中数制及数制转换、数据表示、信息编码原理，掌握数据信息在机器中的表示方法、数的定点表示与浮点表示，了解数据校验的基本方法。

重点：数的定点表示与浮点表示。难点：定点数与浮点数的表示范围。

第3章运算方法与运算器教学内容：

算术定点运算方法：原码加减、补码加减、原码乘法、补码乘法、原码除法、补码除法及溢出判断。运算部件：二进制加法/减法器、十进制加法器、阵列乘法器、阵列除法器。定点运算器的组成与结构：基本结构、多功能ALU、内部总线。

（1）教学要求

重点：掌握原码一位乘、补码一位乘、补码二位乘、原码一位除、补码一位除不恢复余数法和补码一位除恢复余数法。难点：定点加减运算：补码加减运算、补码的溢出判断与检测方法、补码定点加减运算的实现。定点乘除运算：补码的移位运算、定点乘法运算、定点除法运算、阵列乘法器和阵列除法器。规格化浮点运算：浮点加减运算、浮点乘除运算、运算器的基本组成与实例。运算器结构：并行加法器的快速进位、ALU举例、浮点运算器举例。应用EDA技术（FPGA）设计运算器举例。实验设置：实验-运算器组成实验（基于FPGA）。

要求利用FPGA技术设计简单完整的ALU。基于硬件描述语言（VHDL）的FPGA是进行快速系统原型设计最有效的ASIC手段之一。在传统的组成原理实验系统中，可以通过三态门（74LS245）与总线相连，但在FPGA中无类似于三态门的器件，由FPGA组成的系统中各组成部件的输出端不允许直接连接在一起，因此各部件的输出端在与数据总线连接时需通过多路选择器连接到数据总线的输入端。

第4章指令系统：

（1）教学内容

指令系统的发展与性能指标、指令格式、寻址方式、堆栈寻址方式、指令分类与功能、RISC的概念与技术、IBM4300机、Pentium微处理器的寻址方式与指令格式举例。

（2）教学要求：

重点：掌握指令格式及寻址方式。指令格式：机器指令的基本格式、地址码结构、指令的操作码。寻址技术：编址方式、基本寻址方式。堆栈与堆栈操作：堆栈结构、堆栈操作。指令类型：数据传送类指令、运算类指令、程序控制类指令、输入输出类指令、IBM4300机、Pentium微处理器指令系统举例。难点：指令格式设计。

第5章中央处理单元

（1）教学内容

中央处理器：CPU功能与组成、指令周期及其表示方法。微程序控制器：微指令、微操作、微地址、微程序及微程序设计技术。流水线处理器：流水线原理、分类、结构。

（2）教学要求

重点：理解通过时序实现各种控制方式的原理。控制器的基本概念：控制器的组成、控制器的硬件实现方法、时序系统与控制方式、时序系统、控制方式。CPU的总体结构：主要技术参数、专用寄存器的设置、指令执行的基本过程、指令的微操作序列。典型CPU介绍：8086微处理器、80386微处理器、Pentium系列微处理器。应用EDA技术（FPGA）设计微程序控制器举例。难点：理解微程序控制器的实现方法。

微程序控制原理：微程序控制的基本概念、微指令编码法、微程序控制器的组成和工作过程、微程序入口地址的形成、后继微地址的形成。微程序设计：控制单元的设计、简单的CPU模型、组合逻辑控制单元设计、微程序控制单元设计。实验设置：实验二微控制器组成实验（基于FPGA）。

要求利用FPGA技术设计出简单完整的微控制器。其中，控制存储器由FPGA中的LPM_ROM构成，输出24位控制信号。在24位控制信号中微命令信号18位，微地址信号6位。微程序控制器中的微控制代码可以通过对FPGA中LPM_ROM的配置进行输入，通过编辑LPM-ROMLmif文件修改微控制代码。

第6章内存储器与存储系统教学内容：

存储器系统概述：分类、地址、存储单元、存储空间、存储器性能指标、存储系统组织。半导体存储器：SRAM、DRAM、ROM、PROM、EPROM等。高速缓冲存储器Cache：概念、地址映射方法、替换算法、读/写过程。主存储器系统与CPU连接、三级存储体系与存取方式。

（1）教学要求

重点：掌握存储器系统的概念、分类、结构以及扩充方法。存储器的基本概述：存储器的分类、存储系统的层次结构。半导体随机存储器（RAM）、半导体只读存储器（ROM）、动态RAM的刷新。内存储器的组成与控制：内存储器的主要技术指标、存储单元及基本结构、内存容量的扩展、数据通路匹配。难点：理解主存储器的组织技术和虚拟存储器。提高内存读写速度的技术：FPMDRAM、EDODRAM、SDRAM、DDRSDRAM、RambusDRAMo高速缓冲存储器：工作原理、Cache的读/写操作、地址映像、替换算法、PC中Cache技术的实现。应用EDA技术（FPGA）设计存储器与系统接口举例。实验设置：实验三FPGA与外部RAM接口实验（基于FPGA）。

要求利用FPGA技术设计出简单完整的与外部RAM的硬件接口，通过FPGA控制向外部RAM写入数据、读出数据，并且用数码管显示数据。掌握FPGA与外部RAM的硬件接口技术。

第7章外部设备教学内容：

外围设备的概念、分类；字符显示器分辨率、灰度级的概念，显示器的显示原理；磁盘存储器、磁带存储器的相关技术指标，以及存储容量的计算、访问时间的计算等。

（1）教学要求

重点：掌握磁盘存储设备、显示设备的工作原理及相关计算。外部设备概述：外部设备的分类、地位和作用。磁记录原理：磁表面存储器的读/写、技术指标、数字磁记录方式。磁盘存储器：硬盘存储器的基本结构与分类、硬盘驱动器、硬盘的信息分布和磁盘地址、硬盘存储器参数指标、硬盘控制逻辑、硬盘的分区域记录、软硬盘存储器以及RAID。光盘存储器：光盘存储

器的类型、组成及工作原理，光盘驱动器。输入设备：键盘、鼠标、扫描仪等。输出设备：打印机的主要性能指标、工作原理（针式打印机、喷墨打印机、激光打印机），CRT显示器、字符显示器以及图形显示器的工作原理，视频显示器标准。

第8章输入输出系统：

（1）教学内容

输入输出（I/O）系统：概念、定时方式与信息交换方式。程序中断方式：中断概念、接口，单级与多级中断。DMA方式：DMA概念、传送方式、基本DMA控制器、选择型DMA控制器、多路型DMA控制器。通道方式：分类、功能、结构，通道和I/O处理机方式。

（2）教学要求

重点：掌握中断技术、DMA技术的工作原理。主机与外设的连接：输入输出接口、接口的功能和基本组成、外设的识别与端口寻址、输入输出信息传送控制方式。程序查询方式及其接口。中断系统：中断的基本概念、中断请求和中断判优、中断响应和中断处理、多重中断与中断屏蔽、中断全过程、程序中断接口结构。DMA方式及其接口：DMA方式的基本概念、DMA接口、DMA传送方法与传送过程、DMA控制器8237的基本结构。通道控制方式：通道的基本概念、类型、结构及通道程序。总线技术：总线通信控制、总线管理、总线类型和总线标准。应用EDA技术（FPGA）设计总线举例。应用EDA技术（FPGA）设计模型机举例。实验设置：实验四总线控制实验（基于FPGA）要求利用FPGA技术设计出简单的总线，理解总线的概念及特性，并掌握总线传输控制特性。

实验五 基本模型机设计与实现（基于FPGA）

要求在掌握部件单元电路实验的基础上，进一步将单元电路组成系统，利用FPGA技术设计出基本模型机。通过定义五条机器指令并编写相应的微程序，上机调试，熟悉较完整的计算机的设计，全面了解并掌握微程序控制方式计算机的设计方法。

4.学时分配

计算机系统概论课堂教学：4学时；数据表示与信息编码课堂教学4学旽运算方法与运算器课堂教学：8学时；实验2学时；指令系统课堂教学：6学时；中央处理单元：课堂教学：14学时；实验：4学时；内存储器与存储系统课堂教学：10学时；实验：2学时；外部设备课堂教学：10学时；输入输出（I/O）系统；实验：2学时；综合实验：模型机的设计与实现。课内4学时，课外8学时。

5.教学方法与考核方式

教学方法：本课程要求学生对计算机的整机工作原理、计算机各子系统的功能及设计有初步的认识和掌握。讲授必须从宏观到微观，自上而下，用通俗易懂的方法给学生讲述计算机的整机概貌，使学生认识、了解并掌握计算机的组成及其工作原理。在宏观认识整机概貌的基础上，指导学生逐级剖析计算机的基本组成，如系统总线、存储器、输入输出系统、中央处理器等。

通过在“计算机组成原理”课程中加入代表现代技术发展的EDA技术，重组相关教学内容和优化实验设置，采用基于硬件设计语言的EDA技术中实现CPU和计算机系统的设计技术，以培养学生自主创新能力。

考核方法：理论闭卷考试+实验考核。

### （三）课程实施与改革

1.课程实施过程

（1）课堂讲授

本课程要求教师必须对课程的基本内容非常熟悉，并能融会贯通。在课件制作上注重动画演示，引导学生主动思考，由表及里，层层深入。课堂教学上采用多媒体教学手段。使学生更形象地理解各种电路中信息的流动过程和工作原理以及设计思路。为了加深学生对各部分的理解和掌握，在讲授过程中应该配置一定数量的实验和作业习题。

（2）作业安排

本课程每一章都有大量的习题，根据教学进度和学时安排，合理选择书上习题以达到进一步加深理解课堂讲授内容的目的。每一章讲授结束，收一次作业，给出成绩，并做一次集体答疑，讲解作业中的共性问题。作业成绩记入总成绩。没有作业成绩的学生不得参加考试。

（3）实验环节

“计算机组成原理”课程实践教学包含课程实验（16学时），课程实验内容包括：运算器组成实验（基于FPGA）。微控制器组成实验（基于FPGA）oFPGA与外部RAM接口实验（基于FPGA）。总线控制实验（基于FPGA）。基本模型机设计与实现（基于FPGA）。

为了加强实践环节，利用EDA技术和软件工具进行模拟仿真，并通过可编程器件及相应硬件资源来直观地观察实验结果，加深对理论的理解。实践证明基于EDA技术的实验教学，在巩固学生计算机组成原理课程理论的学习，熟悉CPU各个功能部件的工作情况，促进学生的感性认识，培养学生计算机应用能力和创新能力等方面起到了积极的作用。

（4）考题设计

考题设计的指导思想是注重能力的考核，而不是记忆的考核。本课程考题内容应包括基本概念（要求叙述准确），运算方法（掌握几种常用的方法），基本电路设计（要求掌握设计思想和设计方法），由此衡量学生对课程的理解和掌握程度。考试题大致可分为选择题、填空题、判断题、分析题、综合应用题5种类型，重点考查学生对基本概念、基本方法、基本技术的掌握和综合应用能力。

2.进度安排与教学条件

本课程的进度安排与教学条件见表7-2。

**表7-2　教学进度安排与教学条件**

| 周次 | 授课章节及主要内容 | 学时分配 | | 实验教学项目或教学条件 |
|---|---|---|---|---|
| | | 讲授 | 实验 | |
| 1 | 第1章计算机系统概述介绍计算机软硬件的概念、计算机系统的层次结构、计算机的基本组成、冯·诺依曼计算机的特点、计算机的硬件框图及工作过程、计算机硬件的主要技术指标 | 4 | | 多媒体教学环境 WindowsXP/Office软件 |
| 2 | 第2章数据表示与信息编码计算机中数制及数制转换、数据表示、数据信息在机器中的表示方法，信息编码原理，数的定点表示与浮点表示，数据校验的基本方法 | 4 | | 多媒体教学环境 WindowsXP/Office软件 |
| 3 | 第3章运算方法与运算器算术定点运算方法及运算部件——原码加减、补码加减、原码乘法、补码乘法、原码除法、补码除法等运算的基本运算公式、溢出判断，二进制加法/减法器 | 4 | | 多媒体教学环境 WindowsXP/Of£ice软件 |

续表

| 周次 | 授课章节及主要内容 | 学时分配 | | 实验教学项目或教学条件 |
|---|---|---|---|---|
| | | 讲授 | 实验 | |
| 4 | 第3章运算方法与运算器十进制加法器、阵列乘法器、阵列除法器。定点运算器的组成与结构——基本结构、多功能ALU、内部总线。应用EDA技术（FPGA）设计运算器案例分析 | 4 | 2 | 实验-运算器组成实验（基于 FPGA） TDN-CMM++ 教学实验系统 |
| 5 | 第4章指令系统指令系统的发展与性能指标、指令格式、寻址方式、堆栈寻址方式、指令分类与功能 | 4 | | 多媒体教学环境Win-dowsXP/Office软件 |
| 6 | 第4章指令系统RISC的概念与技术，IBM430机、Pentium微处理器的寻址方式与指令格式第5章中央处理单元中央处理器——CPU功能与组成、指令周期及其表示方法 | 4 | | 多媒体教学环境Win-dowsXP/Office软件 |
| 7 | 第5章中央处理单元指令流程与微操作时间表、微程序控制器-微指令、微操作 | 4 | | 多媒体教学环境Win-dowsXP/Office软件 |
| 8 | 第5章中央处理单元微地址、微程序及微程序设计技术 | 4 | 4 | 实验二微控制器组成实验（基于FPGA） TDN_CMM++教学实验系统 |
| 9* | 第5章中央处理单元流水线处理器——流水线原理、分类、结构；应用EDA技术（FPGA）设计微程序控制器案例分析 | 4 | | 多媒体教学环境Win-dowsXP/Office软件 |
| 10 | 第6章内存储器与存储系统存储器系统概述——分类、地址、存储单元、存储空间、存储器性能指标、存储系统组织，半导体存储器——SRAM，DRAM，ROM，PROM、EPROM等 | 4 | | 多媒体教学环境Win-dowsXP/Office软件 |

续表

| 周次 | 授课章节及主要内容 | 学时分配 | | 实验教学项目或教学条件 |
|---|---|---|---|---|
| | | 讲授 | 实验 | |
| 11 | 第6章内存储器与存储系统主存储器系统组织，半导体存储器——SRAM、DRAM、ROM、PROM、EPROM等，主存储器系统与CPU连接，三级存储体系与存取方式 | 4 | 2 | 实验三、FPGA与外部RAM接口实验（基于FP-GA）TDN-CMM++教学实验系统 |
| 12 | 第6章内存储器与存储系统高速缓冲存储器Cache——概念、地址映射方法、替换算法、读/写过程，应用EDA技术（FPGA）设计存储器及接口案例分析第7章外部设备外围设备的概念、分类，字符显示器的分辨率、灰度级等概念，显示器的显示原理 | 4 | | 多媒体教学环境Win-dowsXP/Office软件 |
| 13 | 第7章外部设备磁盘存储器、磁带存储器的相关技术指标，存储容量的计算、访问时间的计算等第8章输入输出系统输入输出系统概念、定时方式与信息交换方式，程序查询方式与接口，程序中断方式——中断概念、中断接口、单级与多级中断 | 4 | | 多媒体教学环境Win-dowsXP/Office软件 |
| 14 | 第8章输入输出（I/O）系统DMA方式——DMA概念、传送方式、基本DMA控制器、选择型DMA控制器、多路型DMA控制器 | 4 | 2 | 实验四总线控制实验（基于FPGA）TDN-CMM4-+教学实验系统 |
| 15 | 第8章输入输出（I/O）系统通道方式——分类、功能、结构，通道和VO处理机方式，应用EDA技术（FPGA）设计总线案例分析，应用EDA技术（FP-GA）设计模型机案例分析 | 4 | 4 | 实验五基本模型机设计与实现（基于FPGA）TDN_CMM++教学实验系统 |

# 第八章　面向需求的CRD人才培养教学模式改革

高等教育大众化是社会经济发展的必然结果，产业结构调整和产业升级改造带来了人才需求在总量和结构上的一系列变化，也推动了高等教育的快速发展。为了顺应高等教育大众化发展的需要，20世纪90年代开始出现了一批依托母体高校设置的独立二级学院。1999年7月，浙江大学与杭州市政府合作，与浙江电信实业集团公司共同发起创办了浙江大学城市学院，这是一所在我国高等教育改革与发展过程中应运而生的新型大学。

浙江大学城市学院成立以来，充分发挥名校名市合作共建的优势，依托浙江大学错位办学，紧密结合地方经济社会发展需求、确立了“依托浙大，立足杭州，服务浙江”的发展方针，明确了面向地方经济社会需求、培养高素质应用型创新人才的培养目标，构建了“按社会需求设专业，按学科打基础，按就业设方向”的本科培养体系，强化学生的创新意识和应用能力培养，努力探索高起点、特色化的办学之路。

通过结合国家级课题“我国高校应用型人才培养模式研究”子课题“独立学院计算机专业应用型人才培养模式研究”的研究，并集成211应用型人才培养模式、“核心稳定、方向灵活”课程体系和“学-练-用”相结合的实践教学体系等教研成果，同时参照《专业规范》和本科培养方案原则指导意见和总体框架，结合地方经济社会发展对计算机专业应用型人才的需求特点制订了面向需求的CRD（职业需求驱动）人才培养方案。

## 第一节　教育理念和指导思想

要培养出适应社会发展需要的高素质应用型创新人才，必须认真研究高等教育的发展规律和学科专业的发展趋势，以现代教育理念为指导，以提高人才培养质量为核心，以社会需求为导向，明确培养目标和要求，完善培养模式，优化课程体系，改革教学方法与手段，强化实践能力培养，激发学生的学习兴趣和主动性，提高教师队伍的水平和能力，构建良好的支撑环境，以实现面向社会需求的本科应用型人才培养目标。

## 一、应用型人才的培养目标必须符合社会需求

人才培养应主动适应社会发展和科技进步，满足地方经济建设的需要，并以此为导向确定专业人才培养的目标和要求，明确所培养的人才应掌握的核心知识、应具备的核心能力和应具有的综合素质。

## 二、应用型人才的培养模式必须适应人才培养要求

应用型本科层次人才既不是单纯的研究型人才，也不等同于技能型人才，在培养过程中不能简单地套用研究型或者技能型人才的传统培养模式，而应有自己特有的模式。在培养过程中，应强调实践能力的培养，并以此为主线贯穿人才培养的不同阶段，做到4年不断线。

## 三、人才培养方案必须满足应用型人才培养目标

应针对人才培养目标与要求，明确培养途径，以“重基础、精专业、强能力”为指导，设计科学合理的课程体系和实践体系，做到课程体系体现应用型、实践体系实现应用型。课程体系可以采用“核心+方向”的模块化方式，既构建较完整的核心知识体系，又按就业设计不同的专业方向，使所培养的人才具备职业岗位所需要的知识能力结构，上手快、后劲足。实践体系应包括实验、训练、实习等环节，强调从应用出发，在实践中培养和提高学生的实际动手能力。

## 四、坚持“以人为本”，一切为了学生成才

在教学设计和实施中考虑多样性与灵活性，为学生提供选择的余地，使学生可以根据自己的兴趣和水平，选择某个专业方向作为发展方向，并能自主设计学习进程。在教学过程中应强调以学生为主体，因材施教，充分发挥学生特长，教师应从学生的角度体会“学”之困惑，反思“教”之缺陷，因学思教，由教助学，通过“教”帮助学生学习，体现现代教育以人为本的思想，并由此推动教学方法和手段的改革。

## 五、重视学科建设和产学合作

教学与科研是相辅相成的，科研能使教师提高业务水平，掌握先进技术，进

而有效地促进教学能力的提高。产学合作使人才培养方案和途径贴近社会需求，缩小人才培养和需求之间的差距，促进学生职业竞争力的提高，达到培养应用型人才的目的。

### 六、建设一支能胜任应用型人才培养的教师队伍

教师是教学活动的主导，应用型人才的培养需要一批具有行业或企业背景的“双师型”教师。在积极引进的同时，应加强对青年教师的培养，特别是教学能力和工程背景的培训与提升，加大选派教师参加技术培训或到企业实践锻炼的力度，还应聘请行业专家到学校兼职，形成一支熟悉社会需求、教学经验丰富、专兼职结合、来源结构多样化的高水平教师队伍。

## 第二节 人才培养方案

### 一、人才培养方案的特色

作为独立学院举办的计算机专业，在人才培养定位上与母体学校应有明确区别，呈现错位发展。必须根据社会需求、学科与产业的发展和自身优势，以培养高素质应用型软件开发与信息服务人才为目标，在培养模式、课程体系、教学方法与手段、实践体系等方面积极开展研究与改革。本人才培养方案遵从本课题提出的应用型本科人才培养模式的基本原则，并形成有自身特色的人才培养方案，主要包括如下内容。

#### （一）提出强调实践能力的211应用型人才培养专业课程体系结构

该专业课程体系结构以应用型人才培养为目标，以实践创新为主线，以课程体系改革为手段，将本科专业课程体系划分为3个阶段：2年的基础（含专业基础）课程学习，1年的专业方向课程学习，最后用1整年的时间进行毕业实习和毕业设计，使学生有更多的时间参与实际应用，在实践中提高分析问题和解决问题的能力，做到既有较好的理论基础，又在某一专业技术方向具有特长。

#### （二）设计面向需求的应用型人才培养方案

计算机专业的特点是实践性强，学科发展迅猛，新知识层出不穷，强调实际动手能力，这就要求专业教育既要加强基础，培养学生自我获取知识的能力，又必须重视实践应用能力的培养。针对就业市场对人才的差异化需求，设计“核心+方向”的培养方案，根据计算机基本知识理论体系设置专业核心课程，夯实基础，考虑学生未来的发展空间；根据就业灵活设置专业方向，强调实践动手能力和实际应用能力，注重职业技能的培养和锻炼，以增强学生的适应性。根据市场需求

设置专业方向，突破了按学科设置专业方向的局限，体现了应用型人才培养与区域经济发展相结合的特点，为学生提供了多样化的选择。

### （三）制订“核心稳定、方向灵活”的课程体系

计算机学科不断发展，社会对计算机人才的需求也随之变化，因此，课程体系面临不断地更新与完善，既要适应市场需求的变化，还应跟踪新技术的发展。按照“基础核心稳定、专业方向灵活”的思路，核心课程的设置应保持相对稳定，注重教学内容的更新和补充，以及教学方法、教学手段和考核方式的改革；专业方向及其课程的设置则要灵活应对市场变化，及时引人专业技术的最新发展，坚持“面向社会，与IT行业发展接轨”的原则，在打好基础的前提下，注重与实际相结食，通过理论教学与实践教学培养学生解决实际问题的能力，使学生既具备必需的理论水平，又具有较强的动手操作能力、解决实际问题的能力和发展潜力。

### （四）构建“学-练-用”相结合的实践教学体系

应用型人才培养的关键环节是实践，在课程设置和教学设计中，必须从应用出发，强调在实践中培养和提高学生的实际动手能力。“学-练-用”相结合的实践教学体系包括实验、训练、学科竞赛和毕业实习/毕业设计等环节，实验侧重“学”，打好基础，学好知识；训练侧重“练”，实战演练，练好技能；学科竞赛“学-练-用”结合，激发兴趣，激励创新；毕业实习/毕业设计侧重“用”，产学结合，实际应用。经过这些实践训练达到“培养基础、训练技能、激活创新”的目的，培养学生的团队精神、职业技能和发展素质。

## 二、人才培养方案构建的原则

坚持人才培养主动适应社会发展和科技进步需要的原则。人才培养目标应符合社会需求。

坚持知识、能力、素质协调发展，综合提高的原则。人才培养模式和培养方案应满足人才培养目标，通过对人才培养规格和培养途径的分析研究，明确应用型人才应掌握的核心知识、应具备的核心能力和应具有的综合素质，以及有效培养途径，强调实践环节的重要性。

坚持学生在教学过程中的主体地位，因材施教，充分发挥学生的特长。坚持教师是教学活动主导的原则。课程设置、专业方向建设要充分考虑到师资队伍的现状、教师梯队建设、教师水平提高和教学资源的综合利用，把与专业相关的学科强势方向作为专业方向建设的支撑点。坚持课程体系的稳定性、前瞻性和开放性相结合的原则。在强调稳定性和规范性的同时，兼顾开放性，为课程体系的进一步完善与教学内容的更新留出余地。

## 三、面向需求的人才培养方案

### （一）面向区域经济发展，设置灵活、多样、开放的专业方向

应用型人才培养要与区域经济发展相结合，突破按学科设置专业方向的局限，根据市场需求和师资力量设置专业方向，并随着社会经济的发展与技术进步适时更新。同时还要密切产学关系，开展校企、校校合作，与企业合作培养人才，联合在专业方向建设上有特色的学校合作开展研究。本专业设有.net数据库应用开发Java应用开发、信息服务、嵌入式系统应用、电子商务应用开发和数字媒体设计制作6个专业方向，这些专业方向都是根据技术发展和市场需求进行设置和建设的，具有扩展性和灵活性，以后还将根据市场需求的变化和专业技术的发展及时进行更新。学生可以根据自己的兴趣和水平，选择某个专业方向作为发展方向。

专业方向的设置不仅是市场需求和技术发展的结果，也是师资队伍教学与科研能力的体现。专业方向的建设任务主要应由青年教师承担，他们充满活力，与企业保持着密切联系，承担着大量应用型科研项目的研发工作，对技术发展和人才市场需求有着敏锐的把握，能有效地促进专业方向建设的不断完善，并突出自身的特色和优势，以提高专业教学的市场适应性。

### （二）需求逆推，分阶段能力培养的课程设置与教学内容设计

在课程设置与教学内容设计时，从各专业方向毕业生应掌握的知识和具备的能力出发，考虑学生的自我发展潜力和职业技能，按照“需求逆推”的方法逐级分解目标，分段实施推进，分类建识课程。一年级强调工科基础，重点培养学生的程序设计基本技能，开设“程序设计”、“数据结构基础”和短学期训练；二年级以数据库系统原理及应用开发为主线，培养学生面向对象的编程思想和数据库系统应用开发的基本技能，开设“数据库系统原理”、

“数据库系统设计与开发”和短学期训练；三年级侧重专业方向，培养学生的综合应用开发能力，开设专业方向课程、综合课程设计和短学期训练；四年级进行毕业实习和毕业设计，侧重工程训练和职业素质养成。

### （三）核心稳定、方向灵活，课程体系科学合理

制订课程体系时，兼顾学科特点和市场需求，妥善处理好稳定与灵活的关系，使课程体系具有“核心稳定、方向灵活”的特点专业核心课程根据计算机基本知识理论体系设置，夯实基础，考虑学生未来的发展空间；专业方向与方向课程则根据就业灵活设置，强调实践动手能力和实际应用能力，注重职业技能的培养和锻炼，以增强学生的适应性。

课程体系的整体结构分为学科性理论课程、训练性实践课程、理论实践一体化课程三大类和公共基础必修、公共基础选修、专业核心必修和专业选修课程。

学科性理论课程按照指导性专业规范设置，主要在第1～6学期开设；训练性实践课程主要为分散形式的课程训练，一般在第1～6学期开设；理论实践一体化课程包括短学期训练和毕业实习/毕业设计，主要在3个暑期短学期和第7～8学期开设。

专业课程按“核心+方向”设计，表8-1给出了专业核心课程列表，表8-2给出了6个专业方向的课程列表。

**表8-1 专业核心课程列表**

| 学科性理论课程（课程名称与学分） | 训练性实践课程（课程名称与学分） | 理论实践一体化课程（课程名称与学分） |
|---|---|---|
| 计算机导论1.0<br>程序设计（i）（n）5.0<br>离散数学3.0<br>数据结构基础2.5<br>数字逻辑电路3.5<br>数据库系统原理2.5<br>数据结构与算法2.5<br>计算机组成3.5<br>面向对象程序设计2.5<br>操作系统原理3.5<br>计算机网络3.5<br>软件工程3.5 | 数据结构与算法训练1.0<br>计算机组成训练1.0<br>面向对象程序设计训练1.0<br>数据库系统设计与开发训练1.0<br>操作系统基础应用训练1.0<br>计算机网络基础应用训练1.0<br>软件工程训练1.0 | 程序设计综合实践2.0<br>数据库系统应用开发综合实践3.0<br>毕业实习4.0<br>文献阅读与毕业论文（设计）12.0 |

**表8-2 专业方向课程列表**

| 专业方向名称 | 学科性理论课程（课程名称与学分） | 训练性实践课程（课程名称与学分） | 理论实践一体化课程（课程名称与学分） |
|---|---|---|---|
| .NET数据库应用开发（17学分） | C#程序设计3.0数据库系统应用与管理2。<br>5软件开发规范2.0NET架构与应用开发3.00ra-cle应用2.5 | ，NET应用课程设计1.0 | .NET数据库应用开发综合实践3.0 |
| Java应用开发方向（17学分） | Java高级程序设计3.0数学库系统应用与管理2.5软件开发规范2.0J2SE架构与应用开发3.0J2ME与移动应用开发2.5 | J2SE应用课程序设计1.0 | Java应用系统开发综合实践3.0 |

续表

| 专业方向名称 | 学科性理论课程（课程名称与学分） | 训练性实践课程（课程名称与学分） | 理论实践一体化课程（课程名称与学分） |
|---|---|---|---|
| 信息服务（18学分） | Linux系统服务应用3.0数据库系统管理2_5网络营销技术3.0计算机信息安全2.5.网络工程3.0 | 网络丁.程课程设计1.0 | 信息服务平台构建与管理综合实践3.0 |
| 嵌入式系统应用（20学分） | 嵌入式系统开发导论3.0微机系统与汇编语言2.5C#程序设计3.0单片机应用设计3.0WinCE移动开发技术3.0嵌入式通信技术1.5 | 嵌入式系统应用课程设计1.0 | 嵌入式系统应用开发综合实践3.0 |
| 电子商务应用开发（19学分） | 电子商务概论3.0C#程序设计3.0供应链与物流管理3.0电子商务安全3.0电子商务系统的设计与实现3.0 | 电子商务系统课程设计1.0 | 电子商务系统开发综合实践3.0 |
| 数字媒体设计制作（16.5学分） | 视觉传达4.0计算机动画基础4.0计算机动画设计4.5 | 数字媒体制作课程设计1.0 | 数字媒体制作综合实践3.0 |

### （四）“学-练-用”相结合的实践教学体系

“学-练-用”相结合的实践教学体系包括实验、训练、学科竞赛和毕业实习/毕业设计等环节，以达到“培养基础、训练技能、激活创新”的目的，培养学生的团队精神、职业技能和发展素质。

其中最具特色的是训练环节，包括课程训练和短学期训练两种形式，以项目实战演练、教师引导组织、学生动手合作、师生互动交流等为特征。课程训练改变了传统的课堂教学模式，以“训练技能，边讲边练”为特色；短学期训练安排在暑期，一般为3周，用以增强和巩固阶段性培养成果。大一暑期短学期训练以程序设计和数据结构为主要内容，重点训练学生的程序设计能力，通过这个阶段的训练，增强学生的计算思维，使学生最终可以用C语言开发出一些小游戏，实现从平时课程学习的“几十行”代码规模的程序到“几百行”代码规模的程序转变，初步体验“编大程”的感觉，激发了学生的学习兴趣，增强了自信心。大二暑期短学期训练以数据库系统设计开发为重点，以Delphi+SQL Server为开发工具进行数据库应用系统开发。大三暑期短学期实训则紧密结合专业方向，培养综合应用开发能力，以“项目驱动，团队合作”方式运行，通过模拟软件公司实际项目的开发，使学生融会贯通所学知识，培养学生独立思考、分析问题、动手实践、交流报告、团队合作和项目管理等能力。

## 四、人才培养方案典型案例

计算机科学与技术专业人才培养方案

### （一）培养目标与专业定位

本专业培养具备良好的科学素养，掌握计算机科学与技术学科必需的知识、技能与方法，具有较强的认知能力、实践应用能力和创新能力，适应地方经济社会发展需求，在软件开发与信息服务上具有特长的高素质应用型创新人才。毕业生能在科技、教育、管理部门以及企事业单位从事软件开发、网络工程设计与信息服务、嵌入式系统应用、电子商务应用开发和数字媒体的设计制作等方面的工作。

### （二）专业能力要求和素质要求

掌握计算机科学与技术的基本理论、基础知识、基本方法与技能，了解计算机科学与技术学科的前沿和发展动态，了解行业相关法律、法规。

具有良好的程序设计和数据库系统应用开发等专业基本技能，以及计算思维与系、统认知、算法设计与程序实现和应用系统设计与开发等专业核心能力，同时具备较强的专业方向综合应用能力。

具有良好的道德素质、文化素质、身心素质、专业素质和职业素养。掌握文献检索、资料查询的基本方法，具有较强的获取信息的能力、逻辑思维能力、交流协作能力和组织协调能力，有一定的开拓创新精神和能力，掌握一门外语。

### （三）必要说明

本专业所在二级学科门类为电气信息类，所依托的主干学科是计算机科学与技术，授予工学学士学位。

计划学制为4年，最低毕业学分为160+6。其中学科性理论课程（含实验）120学分，训练性实践课程16学分，理论实践一体化课程24学分；选修课程40学分，占最低毕业学分比例为25%；实践教学环节（含实验、训练性实践课程和理论实践一体化课程）54学分，占最低毕业学分比例为34%。

注：理论课程教学每16学时计1学分，实验课程教学每32学时计1学分，集中实践教学（包括课程设计、实习、毕业设计等）每1周折合32学时计1学分，毕业实习4学分，毕业设计12学分。

### （四）计算机科学与技术专业教学进程计划（最低毕业学分为160+6）

表8-3 学科性理论课程120学分

<table>
<tr><th colspan="2">课程类别</th><th>学分要求</th><th colspan="2">理论教学（含实验教学）课程名称与学分</th></tr>
<tr><td colspan="2" rowspan="12">公共基础必修类</td><td rowspan="12">50.5</td><td>思想道德修养与法律基础毛泽东思想和中国特色社会主义理论体系</td><td>3.0</td></tr>
<tr><td>概论</td><td>4.0</td></tr>
<tr><td>马克思主义基本原理</td><td>3.0</td></tr>
<tr><td>中国近现代史纲要</td><td>2.0</td></tr>
<tr><td>形势与政策</td><td>+2</td></tr>
<tr><td>体育（Ⅰ～Ⅳ）</td><td>4.0</td></tr>
<tr><td>大学英语（Ⅰ～Ⅳ）</td><td>13</td></tr>
<tr><td>微积分（Ⅰ）(n)</td><td>8</td></tr>
<tr><td>线性代数</td><td>3.0</td></tr>
<tr><td>概率统计A</td><td>3.0</td></tr>
<tr><td>大学物理a（i）(m)</td><td>6</td></tr>
<tr><td>大学物理实验</td><td>1.5</td></tr>
<tr><td rowspan="4">学科性理论课程</td><td>公共基础选修类</td><td>10.0</td><td colspan="2">在人文艺术类、社会科学类、自然科学类、工程技术类中选择修读</td></tr>
<tr><td>专业核心必修类</td><td>36.5</td><td colspan="2">计算机导论1.0程序设计（i）(n)<br>5.0离散数学3.0 数据结构基础2.5<br>数字逻辑电路3.5 数据库系统原理2.5<br>数据结构与算法2.5 计算机组成3.5<br>面向对象程序设计2.5 计算机网络3.5<br>软件工程3.5 操作系统原理3.5</td></tr>
<tr><td rowspan="2">专业选修类</td><td rowspan="2">23.0</td><td colspan="2">专业方向选修在.NET数据库应用开发、Java应用开发、信息服务、嵌入式系统应用、电子商务应用开发和数字媒体设计制作6个专业方向中至少选择其一修读</td></tr>
<tr><td colspan="2">专业拓展选修办公软件应用训练、Linux操作系统训练、网页设计与网站开发、项目管理训练、软件测试训练</td></tr>
<tr><td colspan="3">学科性理论课程学分小计</td><td colspan="2">120学分</td></tr>
</table>

表 8-4　训练性实践课程 16 学分

| 课程类别 | | 学分要求 | 训练性实践课程名称与学分/周数 |
|---|---|---|---|
| 训练性实践课程 | 公共基础必修类 | 5.0 | 思想政治理论与社会实践 2.0/2<br>周军训与国防教育 2.0/2<br>周计算机基础应用训练 1.0 |
| 训练性实践课程 | 专业核心必修类 | 7.0 | 数据结构与算法训练 1.0<br>计算机组成训练 1.0<br>面向对象程序设计训练 1.0<br>数据库系统设计与开发训练 1.0<br>操作系统基础应用训练 1.0<br>计算机网络基础应用训练 1.0<br>软件工程训练 1.0 |
| | 专业选修类 | 4.0 | 专业方向选修.NET 应用课程设计 1.0<br>J2SE 应用课程设计 1.0<br>网络工程课程设计 1.0<br>嵌入式系统应用课程设计 1.0<br>电子商务系统课程设计 1.0<br>数字媒体制作课程设计 1.0 |
| | | | 专业拓展选修办公软件应用训练 1.0<br>Linux 操作系统训练 1.0<br>网页设计与网站开发 1.0<br>项目管理训练 1.0<br>软件测试训练 1.0 |
| 训练性实践课程学分小计 | | | 16学分 |

**表8-5 理论实践一体化课程24学分**

| 课程类别 | | 学分要求 | 理论实践一体化课程名称与学分/周数 |
|---|---|---|---|
| 理论实践体化课程 | 专业核心必修类 | 21.0 | 程序设计综合实践2.0/2<br>周数据库系统应用开发综合实践3.0/3<br>周毕业实习4.0<br>文献阅读与毕业论文（设计）12.0 |
| | 专业选修类 | 3.0 | 专业方向选修.NET数据库应用开发综合实践3.0/3周<br>Java应用系统开发综合实践3.0/3周<br>信息服务平台构建与管理综合实践3.0/3周<br>嵌入式系统应用开发综合实践3.0/3周<br>电子商务系统开发综合实践3.0/3周<br>数字媒体制作综合实践3.0/3周 |
| 理论实践一体化课程小计 | | | 24学分 |

**（五）计算机科学与技术专业教学执行计划（最低毕业学分为160+6）**

本教学执行计划按4年基本学制设计，学生可参照该计划合理安排学习进程。

**表8-6 必修120学分秋季第1学期**

| 课程名称 | 考核方式 | | 学分 | 学时 | | | | 每周学时 | 备注 |
|---|---|---|---|---|---|---|---|---|---|
| | 考试 | 考查 | | 总学时 | 理论 | 实验 | 实践 | | |
| 思想道德修养与法律基础 | | V | 3.0 | 48 | 48 | | | 3 | |
| 体育（） | | V | 1.0 | 32 | | | 32 | 2 | |
| 大学英语（1） | V | | 3.5 | 64 | 48 | | 16 | 4 | |
| 微积分1 | 7 | | 4.5 | 96 | 48 | | 48 | 6 | |
| 线性代数 | V | | 3.0 | 48 | 48 | | | 3 | |
| 计算机导论 | | V | 1.0 | 16 | 16 | | | 1 | |
| 程序设计（I） | V | | 2.5 | 48 | 32 | 16 | | 3 | |
| 程序设计（E） | | | 2.5 | 48 | 32 | 16 | | 3 | |
| 理论教学环节小计 | | | 21 | | | | | 25 | |
| 计算机基础应用训练 | 考查 | | 1.0 | 32 | | | 32 | 2 | |
| 训练性实践教学环节小计 | | | 1 | | | | | 1 | |

表8-7　春季第2学期

| 课程名称 | 考核方式 | | 学分 | 学时 | | | | 每周学时 | 备注 |
|---|---|---|---|---|---|---|---|---|---|
| | 考试 | 考查 | | 总学时 | 理论 | 实验 | 实践 | | |
| 马克思主义基本原理 | 7 | | 3.0 | 48 | 48 | | | 3 | |
| 体育（2） | | V | 1.0 | 32 | | | 32 | 2 | |
| 大学英语（2） | V | | 3.5 | 64 | 48 | | 16 | 4 | |
| 微积分Ⅰ（甲） | 7 | | 3.5 | 64 | 48 | | 16 | 4 | |
| 大学物理A（Ⅰ） | 7 | | 4.0 | 64 | 64 | | | 4 | |
| 大学物理实验 | | s/ | 1.5 | 48 | | 48 | | 3 | |
| 离散数学 | 7 | | 3.0 | 48 | 48 | | | 3 | |
| 数据结构基础 | 7 | | 2.5 | 48 | 32 | 16 | | 3 | |
| 理论教学环节小计 | | | 22 | | | | | 26 | |
| 思想政治理论与社会实践 | 考查 | | 2.0 | 2周 | | | 2周 | | 短1/分散 |
| 军训与国防教育 | 考查 | | 2.0 | 2周 | | | 2周 | | 短1 |
| 训练性实践教学环节小计 | | | 4 | | | | 4周 | | |
| 程序设计综合实践 | 考查 | | 2.0 | 2周 | | | 2周 | | 短1 |
| 理论实践一体化教学环节小计 | | | 2 | | | | 2周 | | |

表9-8秋季第3学期

| 课程名称 | 考核方式 | | 学分 | 学时 | | | | 每周学时 | 备注 |
|---|---|---|---|---|---|---|---|---|---|
| | 考试 | 考查 | | 总学时 | 理论 | 实验 | 实践 | | |
| 体育（3） | | V | 1.0 | 32 | | | 32 | 2 | |
| 大学英语（3） | V | | 3.0 | 48 | 48 | | | 3 | |
| 概率统计A | V | | 3.0 | 48 | 48 | | | 3 | |
| 大学物理A（1） | V | | 2.0 | 32 | 32 | | | 2 | |
| 数字逻辑电路 | V | | 3.5 | 64 | 48 | 16 | | 4 | |
| 数据库系统原理 | V | | 2.5 | 48 | 32 | 16 | | .3 | |
| 数据结构与算法 | 7 | | 2.5 | 48 | 32 | 16 | | 3 | |
| 理论教学环节小计 | | | 17.5 | | | | | 20 | |
| 数据结构与算法训练 | | | 1.0 | 32 | | | 32 | 2 | |
| 训练性实践教学环节小计 | | | 1 | | | | | 2 | |

**表 8-9　春季第 4 学期**

| 课程名称 | 考核方式 | | 学分 | 学时 | | | | 每周学时 | 备注 |
|---|---|---|---|---|---|---|---|---|---|
| | 考试 | 考查 | | 总学时 | 理论 | 实验 | 实践 | | |
| 体育（4） | | V | 1.0 | 32 | | | 32 | 2 | |
| 大学英语（4） | V | | 3.0 | 48 | 48 | | | 3 | |
| 计算机组成 | V | | 3.5 | 64 | 48 | 16 | | 4 | |
| 面向对象程序设计 | V | | 2.5 | 48 | 32 | 16 | | 3 | |
| 理论教学环节小计 | | | 10 | | | | | 12 | |
| 计算机组成训练 | 考查 | | 1.0 | 32 | | | 32 | 2 | |
| 面向对象程序设计训练 | 考查 | | 1.0 | 32 | | | 32 | 2 | |
| 数据库系统设计与开发训练 | 考查 | | 1.0 | 32 | | | 32 | 2 | |
| 训练性实践教学环节小计 | | | 3 | | | | | 6 | |
| 数据库系统应用开发综合实践 | 考查 | | 3.0 | 3 周 | | | 3 周 | | 短 2 |
| 理论实践一体化教学环节小计 | | | 3 | | | | 3 周 | | |

**表 8-10　秋季第 5 学期**

| 课程名称 | 考核方式 | | 学分 | 学时 | | | | 每周学时 | 备注 |
|---|---|---|---|---|---|---|---|---|---|
| | 考试 | 考查 | | 总学时 | 理论 | 实验 | 实践 | | |
| 中国近现代史纲要 | V | | 2.0 | 32 | 32 | | | 2 | |
| 计算机网络 | V | | 3.5 | 64 | 48 | 16 | | 4 | |
| 软件工程 | V | | 3.5 | 64 | 48 | 16 | | 4 | |
| 操作系统原理 | V | | 3.5 | 64 | 48 | 16 | | 4 | |
| 理论教学环节小计 | | | 12.5 | | | | | 14 | |
| 操作系统基础应用训练 | V | | 1.0 | 32 | | | 32 | 2 | |
| 计算机网络基础应用训练 | V | | 1.0 | 32 | | | 32 | 2 | |
| 训练性实践教学环节小计 | | | 2 | | | | | 4 | |

**表 8-11　春季第 6 学期**

| 课程名称 | 考核方式 | | 学分 | 学时 | | | | 每周学时 | 备注 |
|---|---|---|---|---|---|---|---|---|---|
| | 考试 | 考查 | | 总学时 | 理论 | 实验 | 实践 | | |
| 毛泽东思想和中国特色社会主义理论体系概论 | V | | 4.0 | 64 | 64 | | | 4 | |
| 理论教学环节小计 | | | 4 | | | | | 4 | |
| 软件工程训练 | | | 1.0 | 32 | | | 32 | 2 | |
| 训练性实践教学环节小计 | | | 1 | | | | | 2 | |

表 8-12　秋季第 7 学期

| 课程名称 | 考核方式 | | 学分 | 学时 | | | | 每周学时 | 备注 |
|---|---|---|---|---|---|---|---|---|---|
| | 考试 | 考查 | | 总时学 | 理论 | 实验 | 实践 | | |
| 毕业实习 | | | 4.0 | | | | | | |
| 理论实践一体化教学环节小计 | | | 4 | | | | | | |

表 8-13　春季第 8 学期

| 课程名称 | 考核方式 | | 学分 | 学时 | | | | 每周学时 | 备注 |
|---|---|---|---|---|---|---|---|---|---|
| | 考试 | 考查 | | 河学 | 理论 | 实验 | 实践 | | |
| 文献阅读与毕业论文（设计） | | | 12.0 | | | | | | |
| 理论实践一体化教学环节小计 | | | 12 | | | | | | |

1.选修40学分

（1）公共基础选修类，10学分，在人文艺术类、社会科学类、自然科学类、工程技术类中选择修读。

（2）专业选修类，30学分。分专业方向选修和专业拓展选修，要求学生在.NET数据库应用开发Java应用开发、信息服务、嵌入式系统应用、电子商务应用开发和数字媒体设计制作6个专业方向中至少选择其一修读，其他课程可作为专业拓展选修。

表 8-14　选修

| 课程名称 | 子分 | 学时 | | | | | 备注 |
|---|---|---|---|---|---|---|---|
| | | 总学时 | 理论 | 实验 | 实践 | | |
| 多媒体技术 | 2.5 | 48 | 32 | 16 | | 3 | |
| 计算机辅助设计 | 3.0 | 64 | 32 | 32 | | 4 | |
| 计算方法 | 3.0 | 64 | 32 | 32 | | 4 | |
| 信息政策与法规 | 2.0 | 32 | 32 | | | 5 | |
| 艺术设计概论 | 3.0 | 48 | 48 | | | 5 | |
| 人机交互技术 | 2.5 | 48 | 32 | 16 | | 5 | |
| 编译技术 | 3.0 | 64 | 32 | 32 | | 5 | |
| 多核与并行程序设计 | 3.0 | 64 | 32 | 32 | | 5 | |
| UML面向对象分析与设计 | 3.0 | 64 | 32 | 32 | | 5 | |
| 图像处理与模式识别 | 3.0 | 64 | 32 | 32 | | 6 | |
| 计算机图形学 | 3.0 | 64 | 32 | 32 | | 6 | |
| Windows编程 | 3.0 | 64 | 32 | 32 | | 6 | |

续表

| 课程名称 | 子分 | 学时 | | | | | 备注 |
|---|---|---|---|---|---|---|---|
| | | 总学时 | 理论 | 实验 | 实践 | | |
| 软件质量保证与测试 | 2.5 | 48 | 32 | 16 | | 6 | |
| 计算机发展前沿 | 1.0 | 16 | 16 | | | 7 | |
| Java高级程序设计 | 3.0 | 64 | 32 | 32 | | 5 | Java应用开发方向 |
| 数据库系统应用与管理 | 2.5 | 48 | 32 | 16 | | 5 | .NET数据库应用开发方向Java应用开发方向 |
| 软件开发规范 | 2.0 | 32 | 32 | | | 6 | Java应用开发方向，.NET数据库应用开发方向 |
| J2SE架构与应用开发 | 3.0 | 64 | 32 | 32 | | 6 | Java应用开发方向 |
| J2ME与移动应用开发 | 2.5 | 48 | 32 | 16 | | 6 | Java应用开发方向 |
| C#程序设计 | 3.0 | 64 | 32 | 32 | | 5 | .NET数据库应用开发方向，嵌入式系统方向，电子商务方向 |
| Oracle应用 | 1.0 | 32 | | | 32 | 6 | ，NET数据库应用开发方向 |
| .NET架构与应用开发 | 3.0 | 64 | 32 | 32 | | 6 | ，NET数据库应用开发方向 |
| Linux系统服务应用 | 3.0 | 64 | 32 | 32 | | 5 | 信息服务方向 |
| 数据库系统管理 | 2.5 | 48 | 32 | 16 | | 5 | 信息服务方向 |
| 网络营销技术 | 3.0 | 64 | 32 | 32 | | 5 | 信息服务方向 |
| 计算机信息安全 | 2.5 | 48 | 32 | 16 | | 6 | 信息服务方向 |
| 网络工程 | 3.0 | 64 | 32 | 32 | | 6 | 信息服务方向 |
| 微机系统与汇编语言 | 2.5 | 48 | 32 | 16 | | 5 | 嵌入式系统方向 |
| 嵌入式系统开发导论 | .3.0 | 64 | 32 | 32 | | 5 | 嵌入式系统方向 |
| 单片机应用设计 | 3.0 | 64 | 32 | 32 | | 6 | 嵌入式系统方向 |
| WinCE移动开发技术 | 3.0 | 64 | 32 | 32 | | 6 | 嵌入式系统方向 |
| 嵌入式通信技术 | 1.5 | 32 | 16 | 16 | | 6 | 嵌入式系统方向 |
| 电子商务概论 | 3.0 | 64 | 32 | 32 | | 5 | 电子商务方向 |
| 供应链与物流管理 | 3.0 | 48 | 48 | | | 6 | 电子商务方向 |
| 电子商务安全 | 3.0 | 64 | 32 | 32 | | 6 | 电子商务方向 |
| 电子商务系统的设计与实现 | 3.0 | 64 | 32 | 32 | | 6 | 电子商务方向 |
| 视觉传达 | 4.0 | 80 | 48 | 32 | | 5 | 数字媒体方向 |

续表

| 课程名称 | | 学时 | | | | | 备注 |
|---|---|---|---|---|---|---|---|
| | 子分 | 总学时 | 理论 | 实验 | 实践 | | |
| 计算机动画基础 | 4.0 | 80 | 48 | 32 | | 5 | 数字媒体方向 |
| 计算机动画设计 | 4.5 | 96 | 48 | 48 | | 6 | 数字媒体方向 |
| 公共基础选修课程 | 10 | | | | | | |
| 理论教学环节小计 | 23 | | | | | | |
| 办公软件应用训练 | 1.0 | 32 | | | 32 | 2 | |
| Linux操作系统训练 | 1.0 | 32 | | | 32 | 3 | |
| 网页设计与网站开发 | 1.0 | 32 | | | 32 | 4 | |
| 软件测试训练 | 1.0 | 32 | | | 32 | 6 | |
| 项目管理训练 | 1.0 | 32 | | | 32 | 6 | |
| .NET应用课程设计 | 1.0 | 32 | | | 32 | 6 | NET数据库应用开发方向 |
| J2SE应用课程设计 | 1，0 | 32 | | | 32 | 6 | Java应用开发方向 |
| 网络工程课程设廿 | 1.0 | 32 | | | 32 | 6 | 信息服务方向 |
| 嵌入式系统应用课程设计 | 1.0 | 32 | | | 32 | 6 | 嵌入式系统方向 |
| 电子商务系统课程设计 | 1.0 | 32 | | | 32 | 6 | 电子商务方向 |
| 数字媒体制作课程设计 | 1.0 | 32 | | | 32 | 6 | 数字媒体方向 |
| 训练性实践教学环节小计 | 4 | | | | | | |
| ，NET数据库应用开发综合实践 | 3.0 | | | | 3周 | 6 | .NET数据库应用开发方向/短3 |
| Java应用系统开发综合实践 | 3.0 | | | | 3周 | 6 | Java应用开发方向/短3 |
| 信息服务平台构建与管理综合实践 | 3.0 | | | | 3周 | 6 | 信息服务方向/短3 |
| 嵌入式系统应用开发综合实践 | 3.0 | | | | 3周 | 6 | 嵌入式系统应用方向/短3 |
| 电子商务系统开发综合实践 | 3.0 | | | | 3周 | 6 | 电子商务应用开发方向/短3 |
| 数字媒体制作综合实践 | 3.0 | | | | 3周 | 6 | 数字媒体设计制作方向/短3 |
| 理论实践一体化教学环节小计 | 3 | | | | | | |

## 第三节　基础建设与实施环境

计算机专业应用型人才的培养需要相应的支撑环境，包括学科建设、产学合作、师资队伍建设，以及教学资源改善和高效的教学管理服务等内容。

本专业面向社会需求，以学科建设、产学合作、师资队伍建设、教学资源与条件、教学管理与服务为保障，实施了强调实践的“211”培养模式，构建了灵活开放的“核心+方向”培养方案，以实现高素质应用型人才的培养目标。

### 一、学科建设基础

学科建设对专业建设起着重大的促进作用。学科建设可以提供高水平的师资队伍、科学研究基地、有关学科发展最新成果的教学内容，其对应用型人才培养的作用主要体现在如下几个方面。

促进专业建设的特色优势发展。面向应用的科学研究拉近了教师与外界的距离，使教师切实了解市场的需求，适应技术的快速发展。通过科研与教学的互动，将教师科研与所授课程紧密联系，利用科研来完善教学环节，以促进教学质量的提高和特色的形成。

促进教师队伍建设。通过科研的推动，教师能及时、深入地掌握学科前沿动态，提高解决实际问题的能力，为培养应用型人才提供保障。科学研究不仅可以拓展教学的深度和广度，而且可以更新教师知识结构、完善教师的知识体系、提高教师的综合素质。

促进学生创新应用能力的培养。学生参加科研项目可以熏陶其学研究的兴趣和激情，培养创新思维，有助于将所学的理论知识转化成发现、分析和解决实际问题的能力。科研能力强的教师通常都是学生敬佩和学习的榜样，有在研项目的教师能吸引一大批学生主动要求加入项目团队。通过科研项目的实战演练，使学生既学会了创新性应用，提高了综合素质，又积累了实际工作经验，弥补学校教学与企业要求的鸿沟，为就业创造了条件。

### 二、产学合作基础

产学合作是专业建设的重要支柱，是应用型人才培养的重要途径。产学合作以培养和提高学生的综合能力与素质及职业竞争力为目的，充分利用多种教育环境和资源，将理论学习与真实的工作经历相结合，增强人才培养的适应性和实用性，达到企业、学校和学生的多赢局面。

在产学合作中，高校具有教育优势，而企业直接为社会提供产品和服务，代表真实的社会需求。高校与企业共同开展产学合作，可以充分利用高校和社会两种教育环境，合理安排理论学习与社会实践，使人才培养方案、教学内容和实践环节更加贴近社会需求，有助于解决高校教育与社会需求脱节的问题，缩小人才培养和需求之间的差距，促进学生职业竞争能力的提高，达到培养应用型人才的目的，起到学生、社会、高校互利互惠的效应。

本专业的绝大多数学生在毕业时选择直接就业，主要去向为从事信息产业的生产活动，或者就职于各类信息服务业。为提升学生的核心竞争力，在校期间需要对学生职业素质的养成和提升给予密切关注。

**（一）多渠道增强学生的职业素质。**

在新生教育阶段就启发他们思考职业生涯规划，将在校学习与未来的职业规划相结合。在校学习阶段，通过课堂教学、企业家论坛、实训等形式使学生逐步认同行业要求，逐渐增强职业素质。在课程训练和短学期训练中，要求学生像实际参加工作一样，在纪律、着装、模拟项目开发等方面遵守企业的规范要求，提前感受企业的工作环境，增强职业认同感。

**（二）校企合作，建立实训基地。**

通过在实训基地建立真实企业开发环境和文化氛围，引人企业管理模式来培养学生的职业素质，形成以项目实战为基础的互动教学模式。实训的项目来源于真实的项目，项目的开发就在真实的环境下，按照按时、按质交付的目标进行，学生学习就像实际参加工作一样，在学习中经常分组讨论，提出自己的看法和意见，达到互动教学的效果。经过这种真刀真枪的训练，学生进入公司就能直接加入实际项目开发，受到用人单位的普遍欢迎。

**（三）产学结合促进毕业实习/毕业设计环节的有效开展。**

与IT企业建立校企联合实训基地，为学生的实习、毕业设计和就业提供一站式服务。对在实训基地进行课题设计的学生采取“双导师制”，即学校教师和企业工程师共同指导，使学生同时得到知识和应用能力两个方面的培养和训练，最终成为基础扎实的应用型人才。

## 三、师资队伍基础

应用型人才培养方案能否成功贯彻落实，取决于是否拥有一支既有扎实理论知识、又有丰富实践经验的高素质的教师队伍。要建立一支高素质，特别是拥有一定比例的“双师型”教师的师资队伍，可以采取以下措施。

引进“双师型”教师，采取有效措施让新教师脱产、半脱产或在岗到校内外一些实际工作岗位上锻炼。

制订现有师资的培训、进修计划，积极创造条件提升教师的学历层次，提高教师的教学水平和科研能力，满足产学研需求。鼓励教师参与各类学术交流、出国培训、企业实践，参加企业、工厂、科研单位的项目开发，+提高教师的研究能力和实践能力，更好地为应用型人才培养教学服务。

探索学校与社会联合培养教师的新途径。鼓励和支持骨干教师与相关产业领域进行合作、交流和学习，同时聘请相关产业领域的优秀专家、资深人士到学校兼职授课，形成交流培训、合作讲学、兼职任教等形式多样的教师成长机制，建设一支熟悉社会需求、教学经验丰富、专兼职结合的高水平教师队伍。

建立适合的教师考评机制，从制度层面引导教师提高自身的实践能力和应用能力。师资队伍建设与提升是一项长期的任务，应根据人才培养的需要，不断优化师资队伍结构，建设一支教学和科研综合水平高、结构合理的教师队伍。

## 四、教学资源与条件

精良的实验设备和完善的实验条件、充足的实习基地以及良好的图书资料是专业教学的基本物质保障，也是应用型人才实践动手能力培养的必备条件。

加强实验室建设，为实验、训练和毕业设计（论文）等教学环节的顺利开展提供保证。为了给学生更多的动手机会，实验室应向学生开放，既提高实验室的利用率，也促进学生实践技能的提高。实验室应建立健全相关的管理运行机制，制订《实验室开放管理办法（试行）》、《实验室日常工作守则》、《实验室指导教师工作细则》、《实验中心基本信息整理制度》、《实验中心负责人职责》、《实验室安全制度》和《开放实验室管理办法》等管理办法，实验室设备由专人负责配备和保养，保证完好率，最大幅度地发挥实验设备的使用效率，在教学和科研方面发挥良好的作用。

产学合作，建立实习实训基地。实验、训练和实习是工科教育必不可少的环节，应完善实践教学体系建设，强调动手能力的培养。通过产学合作，充分利用校内外资源，多渠道建立实习实训基地，使学生参与企业的软件开发和测试，与用人单位接轨。

充分利用各种信息资源，包括各种图书资料、数字化资源、专业资料等，供教师和学生使用。

## 五、教学管理与服务

教学管理应做到规范化、流程化和网络化，建立一套相对完备的管理机制，形成“办学以教师为主体，教学以学生为主体，以质量保证为前提，以严格高效为目标”的教学管理特色。

**（一）构建多级教学管理架构。**

可以通过多级教学组织来加强对教学的管理和质量监控，如分院、系、教研室和课程组，各级组织职责明确，共同完成专业教学工作。

分院教学委员会主要负责审定专业教学计划、制定规范并进行教学监控和检查；系负责教学实施和检查；课程指导小组负责所辖的一组课程的建设，开展教学研究和教学改革课程组承担某一门课程的建设，包括准备教学资料、课堂教学和实践、命题阅卷评分、期末给出课程小结等工作。教师根据承担的教学任务参加相应课程组的教研活动。

**（二）健全规章制度。**

应重视教学规章制度的建设，在学校下发的教学管理文件的基础上，根据专业的实际情况，按照教学管理、教务管理、实践教学、教学改革和质量监控分类管理，制订与完善各项规定、规范、实施细则和工作流程等，做到有章可循，有法可依。

教学管理制度是执行教学计划、保证教学质量和维护正常教学秩序的关键，在具体执行中还应强化过程管理，重点做好以下工作：维护教学计划严肃性，实行教学环节规范化；慎重选聘任课教师，保证主讲队伍的水平；畅通信息反馈渠道，强化教学过程管理；严肃考风考纪，改进考试办法；实行教学考评制，提高教师责任心；严格学生全方位管理，提高学生的主动学习性。

在健全的规章制度的保证下，应努力建立教学质量保证与监控体系，采取成立教学督导组、同行听课、教学检查、鼓励教师开展教学研究等有效措施，切实提高教学质量。

**（三）高效的管理与服务。**

专业或所在分院应配备专职管理人员，处理教学教务日常工作。教学管理人员应以“一切为了学生成材，一切为了教师发展”为基本指导方针，树立“为教学服务、为教师服务、为学生服务”的理念，从被动管理走向主动服务，树立新的观念，研究未来社会对人才的需求趋势、人才培养的现状与社会需求之间的差距，以及与其他高校相比较的优势和不足，为教学改革提供支持。在管理过程中，应注重发挥专业优势，可以使用教务管理系统、课程教学平台等信息化手段提高管理的效率和水平。

## 第四节　典型课程教学改革案例

本专业为培养学生的专业应用能力，精心打造多个课程群。下面以“数据库系统应用开发课程群”为主线，以课程群中的“数据库系统原理”和“数据库系统应用开发综合实践”为例详细介绍改革思路和课程建设情况。

教学目标：通过学习和训练使学生较全面地掌握数据库系统的基本概念和基本原理，提高数据库的理论知识水平；学习数据库的方法和技术，掌握其应用基本技能，提高学生的动手实践能力；培养学生综合运用数据库系统的知识、方法和技术进行数据库应用系统的设计和实施的能力，提高学生的综合素质和创新能力。

改革思路本课程群的教学目标体现了“基础、应用、综合和深化”4个层次，设置了“数据库系统原理”、“数据库系统设计与开发训练”、“数据库系统应用与管理”和短学期训练“数据库系统应用开发综合实践”，分别在第3~5学期和暑期短学期开设，课程设置的原则是从理论到实践，从虚拟项目到实际课题，从课堂教学到训练，从基本原理到深入剖析，不断提高学生的数据库应用与管理技能。

教学内容：课程群中各门课程、实践环节在学生能力培养中所起的作用和主要教学（训练）内容与目的见表8-15。

**表8-15 数据库系统应用开发课程群的作用和内容**

| 能力分解 | 课程群组成 | 开学 | 主要教学（训练）内容与目的 |
|---|---|---|---|
| 数据库基本应用 | 数据库系统原理 | 3 | 数据库技术的入门课程，侧重于原理性知识。使学生掌握数据库基本理论、基本技术和方法，具备基本应用技能，为后续课程打下基础。主要讲述数据库系统的基本理论、基本方法和基本技能，包括数据库系统的基本概念、数据模型、关系数据库、标准SQL语言和关系规范化理论等内容 |
| 熟练使用工具软件完成简单数据库的应用实例 | 数据库系统设计与开发训练 | 4 | “数据库系统原理”的后续课程，侧重于数据库应用开发工具的熟悉、掌握以及在简单数据库应用实例中的使用。其教学目的是使学生掌握一种数据库应用系统开发工具，使学生进一步掌握数据库系统的茶本概念、术语、组织结构，掌握数据库基础知识和树立对数据库系统的完整认识，通过数据库系统的实例开发，学生可以开发应用已有的商品化数据库软件；能组织研制能够解决实际问题的数据库系统课题；掌握设计数据库管理系统软件的框架，各部分的组成及要求；进一步掌握数据库理论和方法的应用 |

续表

| 能力分解 | 课程群组成 | 开学 | 主要教学（训练）内容与目的 |
| --- | --- | --- | --- |
| 数据库应用系统的设计和开发能力 |  | 短2 | “数据库系统应用开发综合实践”将数据库系统原理以及应用开发结合在一起，通过回顾已学的重要知识点，巩固既有的知识，理清相关知识的脉络，同时初步引入软件工程的概念，将需求、设计、开发、测试及部属等方面有机地融合在一起，使得学生能够基本具备分析、规划、解决数据库相关问题的能力，为后续的课程顺利开展铺平了道路 |
|  |  |  | 通过前期课程的学习，学生已经具备一定的数据库理论知识和一定的SQL语言编写能力，并能够编写简单的数据库应用系统，但是缺乏对实际大型数据库系统的管理能力，也缺乏编写基于具体大型数据库脚本的能力。本课程以SQLServer2005作为平台，详细讲解该系统的主要管理功能和Transact-SQL编写等内容。通过本课程的学习能够熟练使用SQLServer2005的管理工具和常用功能，能使用Transact-SQL编写存储过程和触发器等数据库脚本，理解数据库设计开发的基本步骤，掌握设计和开发常用数据库应用系统技能 |

## 一、案例1：“数据库系统原理”课程

### （一）课程特色

本课程是一门专业核心课程，设置目的是使学生了解和掌握数据库基本原理及相关技术，特别是关系数据库的理论、设计和基本应用技能，为进一步学习和开发数据库应用系统打好基础。本课程是一门面向工程应用的实践性较强的课程，在学习过程中重视实践环节，重点培养数据库管理和应用技能。

### （二）课程教学大纲

课程名称：数据库系统原理课程类型：学科性理论课程学时学分：48学时（16周）/2.5学分先修课程：程序设计、数据结构基础适用专业：计算机科学与技术开课部门：计算机系。

1.课程的地位、目的和任务

“数据库系统原理”是计算机科学与技术专业的必修课程，在第3学期开设。

本课程从介绍数据库系统的设计原理着手，主要讲授数据库系统的基本原理和设计方法，包括数据模型、关系规范化理论、关系数据库设计原理和标准SQL语言等内容。通过本课程的学习，可以使学生掌握数据库系统的基本概念、基本原理、基本方法和应用技术，具备基本应用技能，为进一步学习和开发数据库应用系统打好基础。

2.本课程与相关课程的联系与分工

“数据库系统原理”是“数据库系统设计与开发训练”的直接前导课程，同时也是后续各个专业方向的基础课程。通过本课程的学习，可以奠定数据库技术的基础，保证后续课程的顺利开展。

3.课程内容与要求

“数据库系统原理”的教学内容与要求见表

**表8-16　“数据库系统原理”的教学内容与要求**

| 主题 | 教学内容 | 基本要求 |
| --- | --- | --- |
| 绪论 | 数据库系统概述；数据模型；数据库系统结构 | 了解数据库系统，理解数据和数据库；掌握数据模型的特点和三级模式两级映射关系，初步了解E-R设计概念模型；了解数据库系统结构 |
| 关系数据库 | 关系模型概述，关系数据结构及形式化定义；关系的完整性及关系代数 | 了解关系模型的基本概念；掌握关系代数的基本操作 |
| SQL、数据库安全性和数据库完整性 | SQL概述；数据定义、查询和更新；数据库视图和数据控制；数据库安全性；实体完整性、参照完整性和用户定义的完整性 | 了解SQL语言的基本概念，能熟练运用SQL语言进行数据定义、查询和更新操作；掌握数据视图和数据控制语言了解数据库安全性基本概念，了解数据库安全性控制；掌握实体完整性，掌握参照完整性，了解用户定义的完整性 |
| 关系数据理论 | 《关系数据规范化理论》规范化 | 熟练掌握关系数据规范化理论，并能实际应用；掌握各种范式的概念和特点 |
| 数据库设计 | 数据库系统设计基本概念；E-R图向关系模型的转换；数据库设计工具与辅助设计数据库 | 了解数据库系统设计基本概念；掌握E-R图向关系模型的转换；掌握数据库设计工具的使用，能使用数据库设计工具辅助设计数据库 |

续表

| 主题 | 教学内容 | 基本要求 |
| --- | --- | --- |
| 关系查询处理和查询优化 | 查询处理步骤；关系系统查询优化 | 了解查询处理步骤；了解关系系统查询优化；掌握关系代数语法树 |
| 数据库恢复技术和并发控制 | 事务，日志；并发控制，封锁 | 了解事务和日志；了解并发控制的概念和封锁 |

4.学时分配及教学条件

本课程的学时分配及教学条件见表8-17。

**表8-17 学时分配及教学条件**

| 教学项目名称 | 学时分配 | | 教学条件 |
| --- | --- | --- | --- |
| | 实践 | 讲授 | |
| 绪论 | 0 | 4 | 多媒体教学环境 |
| 熟悉SQLSenvr数据库及PowerDesigner应用环境 | 2 | 0 | WindowsXPSQLServer2005 |
| 关系数据库 | 0 | 4 | 多媒体教学环境 |
| 用PowerDesigner设计E-R图 | 2 | 0 | WindowsXP>PowerDesigner |
| SQL、数据库安全性和完整性 | 0 | 12 | VisualStudio.NET或J2SE |
| SQL单表查询语句练习 | 2 | 0 | WindowsXP.SQLServer2005 |
| SQL分组、排序及多表连接语句 | 2 | 0 | WindowsXP.SQLServer2005 |
| SQL嵌套查询语句练习 | 2 | 0 | WindowsXP.SQLServer2005 |
| 视图及SQL数据更新语句练习 | 2 | 0 | WindowsXP.SQLServer2005 |
| 关系数据理论 | 0 | 6 | 多媒体教学环境 |
| 数据库设计 | 0 | 4 | VisualStudio.NET或J2SE |
| 使用PowerDesigner设计物理模型并转换为数据库对象 | 2 | 0 | WindowsXP、SQLServer2005、Pow-erDesigner |
| 关系查询处理和查询优化 | 0 | 2 | 多媒体教学环境 |
| 查询优化练习 | 2 | 0 | WindowsXP.SQLServer2005 |
| 合计 | 16 | 32 | |

注：表中给出的仅是课内学时数。

5.教学方法与考核方式

(1) 教学方法

本课程的教学过程采用了课堂教学、实验教学、课程设计、作业、习题课、考试等多种形式。教学方法综合采用讲述式、启发式、讨论式、研究式等，使用课件和软件演示的方式进行多媒体计算机辅助教学，以充分调动学生的学习积极性、主动性和创造性，增强学习兴趣，提高课堂教学质量。同时也重视学生自主学习能力的培养。

（2）考核方式

课程考核成绩为百分制，30%为实验成绩，10%为期中考试成绩，60%为期末考试成绩。

6.课程实施与改革

（1）课程实施过程

将课程内容分为六部分，根据每个部分的特点，有针对性地进行相应的教学设置，在学习概念和原理的基础上，重点突出应用和实践。

绪论及关系数据库基础：介绍数据库系统的基本概念、数据模型、数据库系统结构、关系模型概述，关系数据结构及形式化定义，关系的完整性及关系代数等，着重讲解E-R图，并将数据库设计部分中的E・R图向关系模式转换的内容放在本部分讲解设置了3个实验项目，首先熟悉SQL Server2005和Power Designer的使用环境，再应用Power Designer生成E-R图，进而在SQL Server2005中创建数据库，并将Power Designer中生成的E-R图转换为物理模型，最终在创建的数据库中生成数据对象。

SQL、数据库安全性和完整性：介绍SQL、数据库安全性、数据库完整性的概念，重点讲述通过SQL语言实现数据查询、数据定义、数据操作、数据控制、安全性控制和完整性控制等内容。设置了4个实验项目，进行各种SQL语句的练习。

关系数据理论：介绍关系数据规范化理论，强调对于实际模型的规范化分析与证明。数据库设计：介绍了数据库系统设计的基本概念、设计方法等。关系查询处理和查询优化：讲解关系查询处理的步骤，关系查询优化的原理和方法。设置了一个实验项目，让学生对一组低效的SQL语句进行优化，使得学生在练习过程中感受到查询优化操作对于提高查询效率的作用，并了解查询优化的原理和实施的方法。数据库恢复技术和并发控制：介绍了事务、日志、并发控制、封锁的概念和思想。

（2）进度安排

本课程的进度安排见表8-18。

**表8-18　“数据库系统原理”的进度安排**

| 教学项目名称 | 学时分配 | | 教学条件 |
|---|---|---|---|
| | 实践 | 讲授 | |
| 绪论 | 0 | 4 | 多媒体教学环境 |

续表

| 教学项目名称 | 学时分配 | | 教学条件 |
|---|---|---|---|
| | 实践 | 讲授 | |
| 熟悉SQLServer数据库及PowerDesigner应用环境 | 2 | 0 | WindowsXP、SQLServer2065 |
| 关系数据库 | 0 | 4 | 多媒体教学环境 |
| 用PowerDesigner设计E-R图 | 2 | 0 | WindowsXP PowerDesigner |
| SQL、数据库安全性和完整性 | 0 | 12 | VisualStudio.NET或J2SE |
| SQL单表查询语句练习 | 2 | 0 | WindowsXP SQLServer2005 |
| SQL分组、排序及多表连接语句 | 2 | 0 | WindowsXP SQLServer2005 |
| SQL嵌套查询语句练习 | 2 | 0 | WindowsXP SQLServer2005 |
| 视图及SQL数据更新语句练习 | 2 | 0 | WindowsXP SQLServer2005 |
| 关系数据理论 | 0 | 6 | 多媒体教学环境 |
| 数据库设计 | 0 | 4 | VisualStudio.NET或J2SE |
| 使用PowerDesigner设计物理模型并转换为数据库对象 | 2 | 0 | WindowsXP、SQLServer2005、PowerDesigner |
| 关系查询处理和查询优化 | 0 | 2 | 多媒体教学环境 |
| 查询优化练习 | 2 | 0 | WindowsXP、SQLServer2005 |
| 合计 | 16 | 32 | |

## 二、案例2："数据库系统应用开发综合实践"课程

### （一）课程特色

本课程是一门理论实践一体化课程，设置的目的是使学生通过具体的项目训练，深入了解并掌握数据库理论和实践技术，重点学习工程实现方法。

本课程以"数据库系统原理""数据库系统设计与开发训练"等课程的基础能力为起点，以数据库应用系统的分析、设计及开发为主线，融入最新的数据库开发技术，进行集中性训练。通过本课程的训练，可以培养学生数据库系统应用开发的能力、获取新知识的能力、团队合作能力和沟通表达能力，为后续专业方向的学习提供支撑。

### （二）课程教学大纲

课程名称：数据库系统应用开发综合实践；课程类型：理论实践一体化课程；学时学分：96学时（3周）/3学分；先修课程：数据库系统原理、数据库系统设计与开发训练；适用专业：计算机科学与技术专业；开课部门：计算机科学与技术。

1.课程的地位、目的和任务

“数据库系统应用开发综合实践”是计算机科学与技术专业的必修课程，在大二暑期开设。通过本课程的实践训练，可以使学生综合应用所学的知识和技术，培养数据库应用系统的分析、设计、实现的能力。通过训练，可以在以下几个方面提高学生的专业能力。

分析数据库应用系统需求的步骤、方法和内容。对目标系统的数据模型进行分析和设计，通过建模工具生成概念模型、物理模型和最终的数据库对象。根据软件工程的要求，对目标系统进行分析和设计，生成概要设计报告和详细设计报告。掌握规范的数据库设计方法、应用系统设计与开发规范。实施应用系统的能力，包括系统部署及系统调试、维护。

2.本课程与相关课程的联系与分工

本课程的先修课程包括：数据结构基础、数据库系统原理、数据库系统设计与开发训练。“数据库系统原理”课程中与本课程主要相关的知识点包括：数据库的基本原理和概念，数据年设计的基本原则，常用数据库系统、数据库设计软件使用等。“数据库系统设计与开发训练”课程中与本课程主要相关的知识点包括：数据库应用系统开发工具Delphi的使用、数据库分析与设计、应用系统系统分析与设计等。

3.课程内容与要求

（1）基本内容

指导学生在选定的软件开发平台上完成软件项目开发的各个实践环节，并通过推荐阅读，使学生了解当前流行的开发方法与技术。

软件项目应选择有应用背景且易于被学生理解的实际工程项目，供选择的参考题目包括：房产中介管理系统；考场管理系统；手机销售系统；仓库管理信息系统；设备管理信息系统；药品管理信息系统。

（2）基本要求

本课程为综合性课程，学生已修读“数据库系统原理”、“数据库系统设计与开发训练”以及“程序设计”、“数据结构”等专业基础课程，在训练过程中，应指导学生把学习过的各门分立课程知识有效地联系贯穿起来，达到综合运用所学专业知识的目的。

在教学中应对“数据库系统原理”和“数据库系统设计与开发训练”这两门先修课程的内容和知识点进行梳理，了解学生掌握的情况，查漏补缺。通过本课程的进一步训练，使学生具备基本的数据库应用程序开发能力。

本课程侧重于动手能力和编程规范的培养。因此应给出明确的编程规范和文档的书写规范等，使学生能在掌握编程技术的同时对软件工程有初步的了解和接触。

4.训练课程学时分配

本课程的学时分配情况见表8-19。

**表8-19 “数据库系统应用开发综合实践”课程学时分配**

| 教学项目名称 | 学时分配 | | 教学条件 |
|---|---|---|---|
| | 实践 | 讲授 | |
| 数据库技术回顾 | 4 | 2 | 多媒体教学环境 |
| 用户登录及用户管理子系统分析设计演示 | | 2 | 多媒体教学环境 |
| 用户管理子系统功能了解及完善 | 4 | | DclphiSQLServer2005 |
| 布置任务要求、确定选题 | | 2 | 多媒体教学环境 |
| 对选题进行需求分析 | 4 | 2 | 多媒体教学环境 |
| 数据库分析与设计 | 6 | | PowerDesigner |
| 分组汇报需求分析、数据库设计 | 6 | | 多媒体教学环境 |
| 系统概要设计及详细设计 | 6 | | Delphi7 SQLServer2005 |
| 搭建数据库、系统界面设计 | 8 | | Delphi7、SQLServer2005、PowerDe-signer |
| 分组汇报设计结果 | 4 | | 多媒体教学环境 |
| 按分工进行编码、调试 | 28 | | Delphi7、SQLServer2005 |
| 测试修改程序 | 8 | | Delphi7、SQLServer2005 |
| 组内汇总设计文档、实习报告 | 2 | | Delphi7、SQLServer2005 |
| 验收检查 | | 8 | Delphi7、SQLServer2005 |
| 合计 | 80 | 16 | |

5.教学方法与考核方式

（1）教学方法

教师作为组织者，首先要给出一个明确的任务描述、设计要求；学生将以小组为单位组成开发团队，组内成员有明确的分工。

在开发过程中，每个学生团队根据选题有独立进行项目规划的机会，每个学生根据在团队中的角色分配，组织、安排自己的学习行为。教师在开发过程中引导项目小组进行组内研讨、组间交流和评比，促进学生之间的沟通和互动；监督学生遵循编码规范进行设计开发，注重培养学生的专业素质。项目开发过程中，各项目团队要参加公开的答辩，包括需求分析报告，数据库设计报告，应用系统概要设计报告以及项目难点及特色介绍。项目开发结束，每个团队要提交成果展示和相关文档，教师进行全面验收。

（2）考核方式

教学学时：96学时/3周；考核方式：分阶段汇报、现场考核和质疑；成绩评定：总评成绩=基础成绩+团队项目成绩+团队贡献成绩；基础成绩：指每个学生的考勤及在团队内单独完成部分，包括历次汇报表现、实际编码工作量、编码质量、编码规范等方面，占60%，共80分。团队项目成绩：根据团队所开发的项目质量，报告内容评分，占30%，共30分。

团队贡献成绩：根据每个学生在团队内所做贡献的多少，在给定分值内进行分配，占10%，共10分。

**（三）课程实施与改革**

1.训练实施过程

课程分为选题、项目开发、项目验收3个阶段。

（1）选题阶段

教师作为组织者，首先要给出有实际应用背景的供选择的开发题目。学生将根据个人的意愿选择相应的开发题目，并以小组为单位组成开发团队，选出项目组长。

（2）项目开发阶段

教师：作为组织者教师要引导项目小组进行组内研讨、组间交流和评比，促进学生之间的沟通和互动。作为项目主管的角色，教师要随时检查项目的进展情况，监督学生遵循编码规范进行设计开发，注重培养学生的专业素质。作为技术顾问的角色，教师要负责指导学生团队学习新技术并应用于项目开发中，并穿插进行相关的技术讲座。作为用户的角色，教师要与项目小组深入讨论项目需求；根据各组的完成情况，提出修改意见。

学生：以小组为单位进行项目分析并制订开发进度计划，编写需求分析报告。以小组为单位进行项目功能、数据库及实施方案的设计，并针对主要功能开发原型，编写系统设计报告。每个学生必须独立完成项目组中的一个或多个功能模块，包括模块的设计、编码和测试。各项目组要派代表参加公开的答辩，包括需求分析报告、数据库设计报告、应用系统概要设计报告以及项目难点及特色介绍。代表由组内人员根据分工和意愿轮流出任，并计入基础成绩。

（3）项目验收阶段

项目开发结束，每个团队要进行成果展示，并提交相关开发文档。每个学生应提交个总结。教师将对各项目组的成果进行全面验收，并针对各组员承担的具体任务进行检查和考核。

2.进度安排

本课程的进度安排见表8-20。

表8-20 “数据库系统应用开发综合实践”进度安排

| 教学项目名称 | 学时分配 | | 教学条件 |
|---|---|---|---|
| | 实践 | 讲授 | |
| 数据库技术回顾 | 4 | 2 | 多媒体教学环境 |
| 用户登录及用户管理子系统分析设计演示 | | 2 | 多媒体教学环境 |
| 用户管理子系统功能了解及完善 | 4 | | Delphi7、SQLServer2005 |
| 布置任务要求、确定选题 | | 2 | 多媒体教学环境 |
| 对选题进行需求分析 | 4 | 2 | 多媒体教学环境 |
| 数据库分析与设计 | 6 | | PowerDesigner |
| 分组汇报需求分析、数据库设计 | 6 | | 多媒体教学环境 |
| 系统概要设计及详细设计 | 6 | | Delphi7、SQLServer2005 |
| 搭建数据库、系统界面设计 | 8 | | Delphi7、SQLServer2005、PowerDesigner |
| 分组汇报设计结果 | 4 | | 多媒体教学环境 |
| 按分工进行编码、调试 | 28 | | Delphi7、SQLServer2005 |
| 测试修改程序 | 8 | | Delphi7、SQLServer2005 |
| 组内汇总设计文档、实习报告 | 2 | | Delphi7、SQLServer2005 |
| 验收检查 | | 8 | Delphi7、SQLServer2005 |
| 合计 | 80 | 16 | |

# 参考文献

[1] 黄欣.关于构建高校钢琴教学创新模式的探讨 [J].黄河之声，2017 (4)：48

[2] 李英杰.混合式教学模式下的高校计算机基础教学改革研究 [J].电脑知识与技术，2017 (01)：128-129

[3] 朱楠.高校计算机学科教学改革中“赛学结合”人才培养模式探索 [J].内江科技，2016 (05)：152-153

[4] 刘章逵.当前我国高校计算机教学改革模式探讨 [J].科技展望，2016 (12)：348

[5] 王涵.MOOC环境下地方高校课堂教学模式设计 [D].青海师范大学，2016

[6] 王军，王晶红.民办高校双语教学模式构建与改革研究 [J].吉林化工学院学报，2016 (02)：5-7

[7] 杨海艳，王月梅.计算机网络基础与网络工程实践 [M].北京：清华大学出版社，2018

[8] 李铭洋，刘小.面向社会需求的高等商科教育立体化人才培养模式探索 [J].现代商贸工业，2022，43 (S01)：65-67

[9] 宋辞，常红.职业院校课程思政融入计算机应用技术专业课程教学研究 [J].山东商业职业技术学院学报，2023，23 (03)：44-47

[10] 徐志英.人工智能教学系统在高职院校教学中的应用——以计算机应用技术专业为例 [J].辽宁高职学报，2023，25 (05)：38-41

[11] 高俊，邹金萍.计算机人工智能识别技术及其应用的研究 [J].信息与电脑 (理论版)，2022，34 (23)：179-181

[12] 杨小龙.计算机信息技术发展方向及其应用探究 [J].科技创新与应用，

2022，12（12）：181-184

[13] 王欢.计算机人工智能识别技术及其应用研究［J］.信息与电脑（理论版），2022，34（12）：165-167

[14] 李果.计算机网络安全体系的一种框架结构及其应用［J］.电脑知识与技术，2021，17（31）：57-59

[15] 吴忠秀.计算机网络安全体系的一种框架结构及其应用［J］.网络安全技术与应用，2021（01）：5-6

[16] 宿敬巧.中职计算机专业教学现状与对策探讨［J］.现代农村科技，2023（03）：123

[17] 刘奕，张爱国.大学计算机基础课程教学现状及改进策略［J］.电脑知识与技术，2022，18（26）：136-137+140

[18] 冯海娣.高职计算机专业英语的教学现状分析与对策研究［J］.海外英语，2022（14）：189-190+195

[19] 张丽娟."课赛训"融合视角下计算机技能教学改革与实践［J］.电脑知识与技术，2021，17（34）：202-203+217

[20] 宋姗姗，陈彩军，戚晓娜等.中职计算机应用专业一体化教学现状分析与改革策略［J］.科技与创新，2021（08）：94-96

[21] 魏文军.计算机科学与技术专业的教学现状与优化措施探讨［J］.科学咨询（教育科研），2021（03）：166-167

[22] 姚子扬.高校计算机专业现状分析及教学改革方案［J］.科技风，2020（24）：40

[23] 吴杰.试论高校计算机专业教学现状及措施［J］.信息记录材料，2020，21（06）：239-241

[24] 秦平易.中职计算机专业实训教学现状与对策研究［J］.南方农机，2020，51（07）：214

[25] 柳巧玲，吴青.《管理信息系统》课程思政教学改革探索［J］.牡丹江教育学院学报，2021（09）：87-89

[26] 魏衍君，杨明莉.高职计算机应用技术专业课程改革研究［J］.电脑知识与技术，2012，8（08）：1959-1960+1962

[27] 王琴，李建辉，刘剑锋.基于工作过程的高职精品课程建设探讨［J］.黄河水利职业技术学院学报，2010，22（04）：55-58

[28] 唐干武.高职高专计算机应用类专业建设与改革的思考及建议［J］.科技信息，2014（02）：151-152

[29] 徐志英.人工智能教学系统在高职院校教学中的应用——以计算机应用

技术专业为例［J］.辽宁高职学报，2023，25（05）：38-41

［30］夏琰.计算机应用技术专业教师教学创新团队建设的研究与实践［J］.电脑与电信，2023（03）：38-41

［31］叶勇.基于产教融合理念的高职计算机应用技术专业教学改革探索［J］.创新创业理论研究与实践，2022，5（17）：189-191

［32］靳继红，刘淑芝，郭天一.计算机应用技术教学的评价模型分析［J］.电子技术，2022，51（08）：216-217

［33］金孟霞.以就业为导向的计算机应用技术专业教学改革［J］.教育教学论坛，2022（21）：69-72

［34］斯仁图雅.探讨高职计算机应用技术专业“课证融合”教学改革［J］.电脑知识与技术，2021，17（32）：229-230

［35］胡杰华，盛福深.混合式教学模式在军校基础教学中的实践——以计算机应用技术课程为例［J］.软件导刊，2023，22（06）：25-29

［36］邱亮晶.基于SPOC的混合式教学模式在中职信息技术类课程教学中的应用研究［D］.江西科技师范大学，2022

［37］吴杰.基于SPOC下的翻转课堂混合式教学模式实践研究——以高职计算机应用基础课程为例［J］.信息系统工程，2021（02）：168-169

［38］徐骏骅，卢雪峰，王昌云.基于SPOC的高职翻转课堂教学模式研究与设计——以《计算机应用技术》课程为例［J］.时代教育，2017（23）：202-203

［39］刘凯，徐冬寅.基于创新创业能力培养的高职毕业设计教学管理模式改革研究——以计算机应用技术专业为例［J］.中国多媒体与网络教学学报（中旬刊），2021（11）：163-166

［40］王庆良.中职计算机应用基础教学设计的实践与改革［J］.中学课程辅导（教师通讯），2019（20）：45